高等职业教育创新型人才培养系列教材

高等数学学习指导

（第2版）

王桠楠　周　渊　主　编
李馨茹　杨　丽　副主编

北京航空航天大学出版社

内 容 简 介

“高等数学”是理工科院校数学三大基础课程之一。本书是根据教育部《国家中长期教育改革发展规划纲要(2010—2020年)》精神要求，为适应高等职业教育发展的新要求，针对高职院校学生特点，立足实际需求来编写的《高等数学(第2版)》教材(ISBN 978-7-5124-4425-6)的配套同步辅导书。

全书共9章，内容分别为函数、极限及连续，一元函数微分学及其应用，不定积分，定积分，常微分方程，无穷级数，向量与空间解析几何，多元函数微积分，线性代数。本书结构合理，内容通俗易懂，主要以典型例题为主，以提高学生的解题技能为主要目标。

本书可作为高职院校工科专业高等数学的辅导教材，也可作为成人自考及“专升本”等考试的辅导用书。

图书在版编目(CIP)数据

高等数学学习指导 / 王桠楠，周渊主编. -- 2版. 北京 ：北京航空航天大学出版社，2024. 8. -- ISBN 978-7-5124-4432-4

Ⅰ. O13

中国国家版本馆CIP数据核字第2024988BP9号

高等数学学习指导(第2版)

王桠楠　周　渊　主　编

李馨茹　杨　丽　副主编

策划编辑　冯　颖　　责任编辑　周世婷

*

北京航空航天大学出版社出版发行

北京市海淀区学院路37号(邮编100191)　http://www.buaapress.com.cn

发行部电话:(010)82317024　传真:(010)82328026

读者信箱:goodtextbook@126.com　邮购电话:(010)82316936

北京一鑫印务有限责任公司印装　各地书店经销

*

开本:710×1 000　1/16　印张:7.5　字数:160千字

2024年8月第2版　2024年8月第1次印刷　印数:5 000册

ISBN 978-7-5124-4432-4　定价:39.00元

若本书有倒页、脱页、缺页等印装质量问题，请与本社发行部联系调换。联系电话:(010)82317024

第 2 版前言

“高等数学”课程是理工科各专业必修的基础课，它在科学研究、工程技术、经济、金融等各个领域有着广泛的应用。为适应目前高职院校教学特点，我院组织一线授课经验丰富的教师编写《高等数学》教材，为方便学生学习，同时编写《高等数学学习指导》配套同步辅导书。

本书作为《高等数学（第 2 版）》（ISBN 978－7－5124－4425－6）的配套同步辅导书，按照教材内容顺序编写，各章由知识框架、典型例题、基础练习题、同步提高自测题构成。相对于第 1 版《高等数学学习指导》内容，第 2 版主要有以下不同：

（1）增加了线性代数内容，有利于参加统招专升本的学生学习，同时将第 1 版中的“知识梳理”变为“知识框架”，简明扼要，可快速地让学生了解各章主要知识点；

（2）删除了“重难点分析”，在“典型例题”中通过基础题、重点题型、难题，让学生及读者及时掌握解题思路，提高分析问题和解决问题的能力；

（3）对基础练习题、同步提高自测题进行了优化，增补了部分题型，对答案进行了修正，由易到难，帮助学生及读者进一步掌握各章节知识。

在本书的编写过程中得到四川航天职业技术学院唐绍安教授的悉心指导，他对本书提供了很多有价值的意见及建议，在此表示感谢！

限于编者水平，书中难免存在不妥之处，恳请广大读者批评指正。

编　者

2024 年 3 月

目　录

第 1 章　函数、极限及连续

知识框架

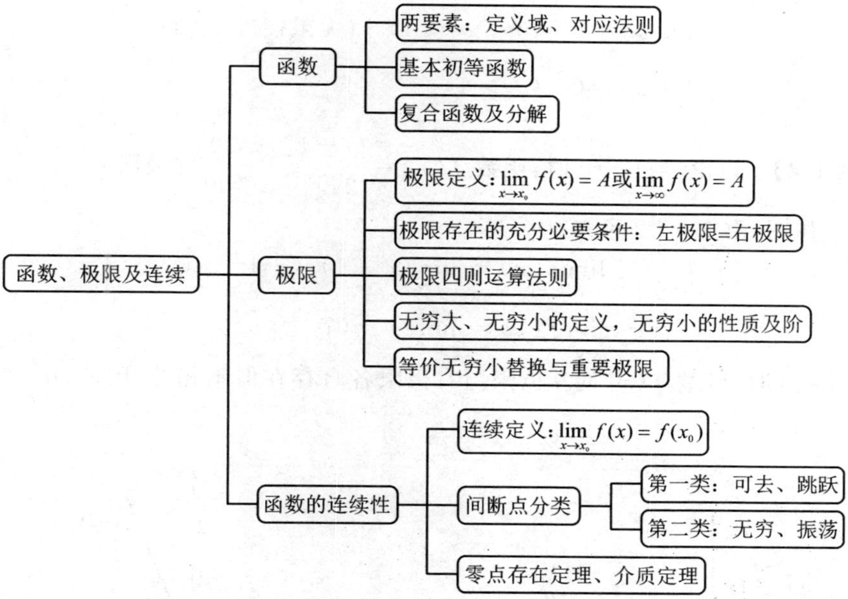

1.1　典型例题

【例 1.1】　求函数 $y=\sqrt{x^2-x-6}+\arcsin\dfrac{2x-1}{7}$ 的定义域.

解　要使 $\sqrt{x^2-x-6}$ 有定义,必须满足 $x^2-x-6\geqslant 0$,即

$$(x-3)(x+2)\geqslant 0$$

解得 $x\geqslant 3$ 或 $x\leqslant -2$.

要使 $\arcsin\dfrac{2x-1}{7}$ 有定义,必须满足 $\left|\dfrac{2x-1}{7}\right|\leqslant 1$,即

$$-3\leqslant x\leqslant 4$$

因此,所求函数的定义域为$[-3,-2]\cup[3,4]$.

【例 1.2】　分析下列复合函数的结构.

(1) $y=\sqrt{\cot\dfrac{x}{2}}$；　　　　　　(2) $y=\mathrm{e}^{\sin\sqrt{x^2+1}}$.

解　(1) $y=\sqrt{u}$，　$u=\cot v$，　$v=\dfrac{x}{2}$；

(2) $y=\mathrm{e}^u$，　$u=\sin v$，　$v=\sqrt{t}$，　$t=x^2+1$.

【例 1.3】　求 $\lim\limits_{x\to+\infty}a^x$　$(0<a<1)$；　$\lim\limits_{x\to-\infty}a^x$　$(a>1)$.

解　作图，由图 1-1 可知

$$\lim_{x\to+\infty}a^x=0\quad(0<a<1)\quad(\text{无限接近 } x \text{ 轴})$$

$$\lim_{x\to-\infty}a^x=0\quad(a>1)$$

【例 1.4】　讨论，当 $x\to0$ 时，函数 $f(x)=\begin{cases}x-1 & x\leqslant0\\ 2x & x>0\end{cases}$ 的极限.

解　作图，由图 1-2 可知

$$\lim_{x\to0^-}f(x)=\lim_{x\to0^-}(x-1)=-1$$

$$\lim_{x\to0^+}f(x)=\lim_{x\to0^+}2x=0;$$

当 $x=0$ 时，函数 $f(x)$ 的左极限与右极限各自存在但不相等，因此，$\lim\limits_{x\to0}f(x)$ 不存在.

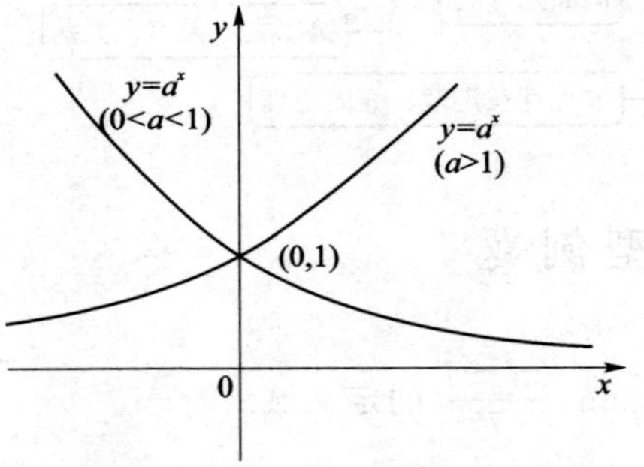

图 1-1

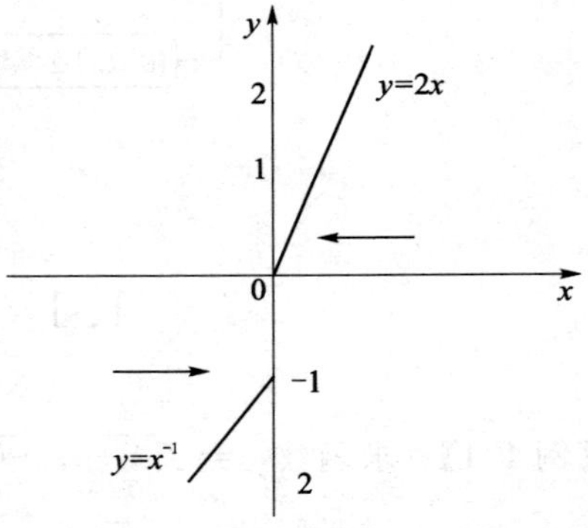

图 1-2

【例 1.5】　求 (1) $\lim\limits_{x\to2}\dfrac{x-2}{x^2-4}$；　　(2) $\lim\limits_{x\to2}\dfrac{x^2+2x-8}{x-2}$；

(3) $\lim\limits_{x\to+\infty}(\sqrt{1+x}-\sqrt{x})$.

解　(1) $\lim\limits_{x\to2}\dfrac{x-2}{x^2-4}=\lim\limits_{x\to2}\dfrac{x-2}{(x+2)(x-2)}=\lim\limits_{x\to2}\dfrac{1}{x+2}=\dfrac{1}{4}$；

(2) $\lim\limits_{x\to2}\dfrac{x^2+2x-8}{x-2}=\lim\limits_{x\to2}\dfrac{(x+4)(x-2)}{x-2}=\lim\limits_{x\to2}(x+4)=6$；

(3) $\lim\limits_{x\to+\infty}(\sqrt{1+x}-\sqrt{x})=\lim\limits_{x\to+\infty}\dfrac{(\sqrt{1+x}-\sqrt{x})(\sqrt{1+x}+\sqrt{x})}{\sqrt{1+x}+\sqrt{x}}$

$$=\lim_{x\to+\infty}\frac{1-x+x}{\sqrt{1+x}+\sqrt{x}}=\lim_{x\to+\infty}\frac{1}{\sqrt{1+x}+\sqrt{x}}=0.$$

【例 1.6】 求(1) $\lim\limits_{x\to1}\dfrac{x+4}{x-1}$；　(2) $\lim\limits_{x\to0}\dfrac{x}{x+1}$；　(3) $\lim\limits_{x\to\infty}\dfrac{x^2-9x+4}{2x^3+3x^2-1}$.

解　(1) $\lim\limits_{x\to1}\dfrac{x+4}{x-1}=\infty$；　(2) $\lim\limits_{x\to0}\dfrac{x}{x+1}=0$；

(3) 分子分母同除以 x^3，得

$$\lim_{x\to\infty}\frac{x^2-9x+4}{2x^3+3x^2-1}=\lim_{x\to\infty}\frac{\dfrac{1}{x}-\dfrac{3}{x^2}+\dfrac{4}{x^3}}{2+\dfrac{3}{x}-\dfrac{1}{x^3}}=\frac{\lim\limits_{x\to\infty}\dfrac{1}{x}-\lim\limits_{x\to\infty}\dfrac{3}{x^2}+\lim\limits_{x\to\infty}\dfrac{4}{x^3}}{\lim\limits_{x\to\infty}2+\lim\limits_{x\to\infty}\dfrac{3}{x}-\lim\limits_{x\to\infty}\dfrac{1}{x^3}}$$

$$=\frac{0-3\times0+4\times0}{2+3\times0-0}=0$$

【例 1.7】 求 $\lim\limits_{x\to0}\dfrac{x^2}{\sin^2\dfrac{x}{3}}$.

解　$$\lim_{x\to0}\frac{x^2}{\sin^2\dfrac{x}{3}}=\lim_{x\to0}\frac{9\dfrac{x^2}{9}}{\sin^2\dfrac{x}{3}}=9\lim_{x\to0}\left(\frac{\dfrac{x}{3}}{\sin\dfrac{x}{3}}\right)^2=9.$$

【例 1.8】 求 $\lim\limits_{t\to0}\dfrac{1-\cos 2t}{t^2}$.

解　$$\lim_{t\to0}\frac{1-\cos 2t}{t^2}=\lim_{t\to0}\frac{2\sin^2 t}{t^2}=2\lim_{t\to0}\left(\frac{\sin t}{t}\right)^2=2\times1=2.$$

注：导出公式 $\sin^2 t=\dfrac{1-\cos 2t}{2}$.

【例 1.9】 求 $\lim\limits_{x\to0}(1+3\tan^2 x)^{\cot^2 x}$.

解　令 $t=3\tan^2 x$，$\tan^2 x=\dfrac{t}{3}$，$\cot^2 x=\dfrac{3}{t}$. 当 $x\to0$ 时，$t\to0$，于是

$$\lim_{x\to0}(1+3\tan^2 x)^{\cot^2 x}=\lim_{t\to0}\left[(1+t)^{\frac{1}{t}}\right]^3=e^3$$

注：对于重要极限 $\lim f(x)^{g(x)}$，有 $\lim f(x)^{g(x)}\xrightarrow{1^\infty}e^{\lim[f(x)-1]g(x)}$.

【例 1.10】 求 $\lim\limits_{x\to\infty}\left(\dfrac{2-x}{3-x}\right)^x$.

解　由于此极限为 1^∞ 型，因此

$$\lim_{x\to\infty}\left(\frac{2-x}{3-x}\right)^x=e^{\lim\limits_{x\to\infty}\left(\frac{2-x}{3-x}-1\right)x}=e^{\lim\limits_{x\to\infty}\frac{-x}{3-x}}=e$$

【例 1.11】 结合图形,说明下列函数在给定点处或区间上是否连续.

$$f(x)=|x|=\begin{cases}x & x>0\\0 & x=0\\-x & x<0\end{cases}$$

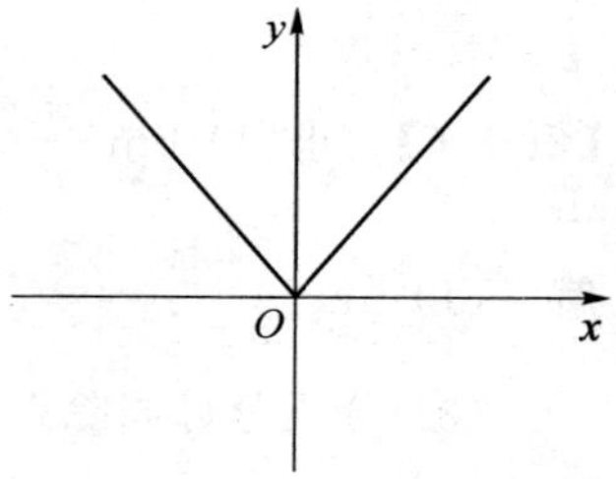

图 1-3

解 作图,如图 1-3 所示,函数在 $x=0$ 处及近旁有意义,且

$$\lim_{x\to0^-}f(x)=\lim_{x\to0^-}(-x)=0$$

$$\lim_{x\to0^+}f(x)=\lim_{x\to0^+}x=0$$

又因为 $f(0)=0$,即$\lim\limits_{x\to0}f(x)=f(0)$,所以

$$f(x)=|x|=\begin{cases}x & x>0\\0 & x=0\\-x & x<0\end{cases}$$

在 $x=0$ 处连续.

【例 1.12】 讨论下列函数的连续性,如有间断点,指出其类型.

(1) $y=\dfrac{x^2-1}{x^2-3x+2}$;　　(2) $y=\begin{cases}e^{\frac{1}{x}} & x>0\\1 & x=0\\x & x<0\end{cases}$.

解 (1) 由于 $y=\dfrac{x^2-1}{x^2-3x+2}$的定义域为$(-\infty,1)\cup(1,2)\cup(2,+\infty)$,因此,函数在该区域内连续,且 $x=1,x=2$ 为间断点.

又因为

$$\lim_{x\to1}\frac{x^2-1}{x^2-3x+2}=\lim_{x\to1}\frac{(x-1)(x+1)}{(x-1)(x-2)}=-2$$

$$\lim_{x\to2}\frac{x^2-1}{x^2-3x+2}=\infty$$

所以,$x_1=1$ 为可去间断点,$x_2=2$ 为无穷间断点.

(2) 因为 $y=\begin{cases}e^{\frac{1}{x}} & x<0\\1 & x=0\\x & x>0\end{cases}$为分段函数,当 $x<0$ 及 $x>0$ 时为初等函数,所以 y 在$(-\infty,0)$及$(0,+\infty)$区间内连续.

又因为
$$\lim_{x\to0^-}f(x)=\lim_{x\to0^-}e^{\frac{1}{x}}=0$$

$$\lim_{x\to 0^+} f(x)=\lim_{x\to 0^+} x=0$$

且 $f(0)=1$，所以

$$\lim_{x\to 0} f(x)=0\neq f(1)$$

即 $x=0$ 为 $f(x)$ 的可去间断点.

【例 1.13】 求 $\lim\limits_{x\to+\infty}\arcsin(\sqrt{x^2+x}-x)$.

解

$$\begin{aligned}\lim_{x\to+\infty}\arcsin(\sqrt{x^2+x}-x)&=\arcsin\left[\lim_{x\to+\infty}(\sqrt{x^2+x}-x)\right]\\&=\arcsin\left[\lim_{x\to+\infty}\frac{(\sqrt{x^2+x}-x)(\sqrt{x^2+x}+x)}{\sqrt{x^2+x}+x}\right]\\&=\arcsin\left(\lim_{x\to+\infty}\frac{x}{\sqrt{x^2+x}+x}\right)\\&=\arcsin\frac{1}{2}=\frac{\pi}{6}\end{aligned}$$

【例 1.14】 证明方程 $x^4-4x^2+7x-10=0$ 在区间$(1,2)$内至少有一个根.

证明　设函数 $y=x^4-4x^2+7x-10$，$f(x)$在闭区间$[1,2]$上连续，且 $f(1)=-6<0$，$f(2)=4>0$. 由定理知，在区间$(1,2)$内至少有一个 c，使 $f(c)=0$，即

$$c^4-4c^2+7c-10=0$$

这就证明，方程 $x^4-4x^2+7x-10=0$ 在区间$(1,2)$内至少有一个根.

1.2　基础练习题

1. 求下列函数的定义域.

(1) $y=\dfrac{1}{\sqrt{x+2}}+\sqrt{x(x-1)}$；　　(2) $y=\arcsin\dfrac{x-1}{2}$；

(3) $y=\sqrt{\sin x}$.

2. 设函数 $f(x)=\begin{cases}x^2+1 & x<0\\ x & x\geqslant 0\end{cases}$，作出 $f(x)$的图像.

3. 下列函数是由哪些简单函数复合而成的?

(1) $y=\sqrt{2-x^2}$；　　(2) $y=\tan\sqrt{1+x}$；

(3) $y=\sin^2(1+2x)$；　　(4) $y=[\arcsin(1-x^2)]^3$；

(5) $y=\sin 2x$；　　(6) $y=\cos\dfrac{1}{x-1}$.

4. 设函数 $f(x)=\begin{cases}x^2 & x<0\\ x & x\geqslant 0\end{cases}$，求 $\lim\limits_{x\to 0^+} f(x)$及 $\lim\limits_{x\to 0^-} f(x)$，并讨论$\lim\limits_{x\to 0} f(x)$的极

限是否存在.

5．观察下列变量,分析哪些是无穷小,哪些是无穷大.

(1) $\frac{1+2x}{x}\quad(x\to 0)$；　(2) $\frac{1+2x}{x^2}\quad(x\to\infty)$；

(3) $\tan x\quad(x\to 0)$；　(4) $\mathrm{e}^{-x}\quad(x\to+\infty)$.

6．求下列极限.

(1) $\lim\limits_{x\to 0}x^2\sin\frac{1}{x^2}$；　(2) $\lim\limits_{x\to\infty}\frac{1}{x}\arctan x$；

(3) $\lim\limits_{x\to\infty}\frac{\sin x+\cos x}{x}$.

7．求下列极限.

(1) $\lim\limits_{x\to 1}(2x-1)$；　(2) $\lim\limits_{x\to 2}\frac{x+5}{x-3}$；

(3) $\lim\limits_{x\to 1}(x+1)$；　(4) $\lim\limits_{n\to\infty}\frac{1}{3^n}$；

(5) $\lim\limits_{n\to\infty}\left(4+\frac{1}{n^2}\right)$；　(6) $\lim\limits_{x\to\infty}\frac{x^3+x}{x^3-3x+4}$；

(7) $\lim\limits_{x\to+\infty}(\sqrt{x+5}-\sqrt{x})$.

8．求下列极限.

(1) $\lim\limits_{x\to\infty}x\tan\frac{1}{x}$；　(2) $\lim\limits_{x\to+\infty}2^x\sin\frac{1}{2^x}$；

(3) $\lim\limits_{x\to 1}\frac{\sin^2(x-1)}{x-1}$；　(4) $\lim\limits_{x\to\infty}\left(1+\frac{2}{x}\right)^{x+2}$.

9．用等价无穷小代换定理求下列极限.

(1) $\lim\limits_{x\to 0}\frac{1-\cos x}{x\tan x}$；　(2) $\lim\limits_{x\to 0^+}\frac{\sin ax}{\sqrt{1-\cos x}}$.

10．讨论下列函数的连续性,如有间断点,指出其类型.

(1) $y=\frac{\tan 2x}{x}$；　(2) $y=\frac{2^{\frac{1}{x}}-1}{2^{\frac{1}{x}}+1}$.

11．已知 a,b 为常数,$\lim\limits_{x\to\infty}\frac{ax^2+bx+5}{3x+2}=5$,求 a,b 的值.

12．求函数 $f(x)=\frac{1}{\sqrt{x^2-1}}$的连续区间.

13．设函数 $f(x)=\frac{|x|-x}{x}$,求 $\lim\limits_{x\to 0^+}f(x)$及 $\lim\limits_{x\to 0^-}f(x)$,并讨论$\lim\limits_{x\to 0}f(x)$的极限是否存在.

1.3　同步提高自测题

1.3.1　同步提高自测题 A

一、选择题.

1. 下列函数中既非奇函数又非偶函数的是(　　).

A. $y=\sin^3 x$　　B. $y=x^3+1$　　C. $y=x^3+x$　　D. $y=x^3-x$

2. 设 $f(x)=4x^2+bx+5$,若 $f(x+1)-f(x)=8x+3$,则 $b=$(　　).

A. 1　　B. -1　　C. 2　　D. -2

3. 函数 $f(x)=\sin(x^2-x)$是(　　).

A. 有界函数　　B. 周期函数　　C. 奇函数　　D. 偶函数

4. 下面复合函数 $y=\cos^2(3x+1)$的拆解过程符合要求的是(　　).

A. $y=\cos u^2, u=3x+1$　　B. $y=u^2, u=\cos v, v=3x+1$

C. $y=\cos^2 u, u=3x+1$　　D. $y=u^2, u=\cos(3x+1)$

5. 当 $x\to 0$ 时,下列变量为无穷小的是(　　).

A. e^{x^2}　　B. $\dfrac{x-1}{x+1}$　　C. $\sin^2 x$　　D. $\cos\dfrac{1}{x}$

6. 当 $x\to 0$ 时,$\sin x$ 与 x 相比是(　　).

A. 高阶无穷小　　B. 低阶无穷小

C. 等价无穷小　　D. 以上都不对

7. 如果函数 $y=f(x)$在点 x_0 处间断,则(　　).

A. $\lim\limits_{x\to x_0} f(x)$不存在　　B. $f(x_0)$不存在

C. $\lim\limits_{x\to x_0} f(x)\neq f(x_0)$　　D. 以上三种情况至少有一种发生

二、填空题.

1. 函数 $y=3^x+1$ 的反函数是________.

2. 函数 $f(x)=\sqrt{9-x^2}+\ln(x-1)$的连续区间为________.

3. 若 $\lim\limits_{n\to\infty}\dfrac{an^3+bn^2+2}{2n^2+2n+1}=1$,则 $a=$________,$b=$________.

4. 设 $f(x)$在 $x=1$ 处连续,且 $\lim\limits_{x\to 1}\dfrac{f(x)-2}{x-1}=1$,则 $f(1)=$________.

5. 设函数 $f(x)=\begin{cases}\dfrac{1}{1-x} & x<0\\ 0 & x=0\\ x & 0<x<1\\ 1 & 1\leqslant x<2\end{cases}$,则 $\lim\limits_{x\to 0^+} f(x)=$________,$\lim\limits_{x\to 0^-} f(x)=$

________，$\lim\limits_{x\to 0}f(x)=$________，$\lim\limits_{x\to 1}f(x)=$________，间断点为________.

三、综合题.

1. $f(x)=\begin{cases}1 & x>1\\ x & -1\leqslant x\leqslant 1\\ -x-1 & x<-1\end{cases}$，求 $\lim\limits_{x\to 1}f(x)$ 及 $\lim\limits_{x\to -1}f(x)$.

2. $f(x)=\begin{cases}x\sin\dfrac{1}{x} & x>0\\ x & x<0\end{cases}$，证明 $\lim\limits_{x\to 0}f(x)$ 是否存在.

3. 求下列极限.

(1) $\lim\limits_{x\to 3}(x^2+1)$；

(2) $\lim\limits_{x\to 1}\left(\dfrac{2}{x^2-1}-\dfrac{1}{x-1}\right)$；

(3) $\lim\limits_{n\to\infty}\dfrac{1+2+3+\cdots+(n-1)}{n^2}$；

(4) $\lim\limits_{x\to\infty}\dfrac{(2x-1)^{300}(3x-2)^{200}}{(2x+1)^{500}}$；

(5) $\lim\limits_{x\to 0}\dfrac{\sin^2(x-1)}{x-1}$；

(6) $\lim\limits_{x\to 0}(1-2x)^{\frac{1}{x}}$；

(7) $\lim\limits_{x\to\infty}\left(1+\dfrac{2}{x}\right)^{x+2}$；

(8) $\lim\limits_{x\to\infty}\left(\dfrac{2x-1}{2x+1}\right)^{x+1}$.

4. 讨论函数 $f(x)=\begin{cases}2x-1 & x<1\\ 0 & x=1\\ x & x<1\end{cases}$ 在 $x=1$ 处的连续性.

5. 讨论函数 $\dfrac{\sin x}{|x|}$ 的连续性，如有间断点，指出其类型.

6. 求 $f(x)=\dfrac{1}{\sqrt{x^2}-1}$ 的连续区间.

7. 证明方程 $x-2\sin x=1$ 至少有一个正根小于 3.

1.3.2 同步提高自测题 B

一、选择题.

1. 下列各选项中，(　　)中的函数是相等的.

A. $f(x)=2\ln x, g(x)=\ln x^2$

B. $f(x)=\dfrac{x}{x}, g(x)=1$

C. $f(x)=\sqrt{x^2}, g(x)=x$

D. $f(x)=-\mathrm{sgn}(1-x), g(x)=\begin{cases}-1 & x<1\\ 0 & x=1\\ 1 & x>1\end{cases}$

2. 下列函数中，非奇非偶的函数为（　　）.

A. $y=\sin x+\cos x$　　B. $y=\arctan x$

C. $y=|x|+1$　　D. $y=e^{x^2}$

3. 若$\lim\limits_{x\to x_0}f(x)$存在，$\lim\limits_{x\to x_0}g(x)$不存在，则下列命题中正确的是（　　）.

A. $\lim\limits_{x\to x_0}[f(x)+g(x)]$与$\lim\limits_{x\to x_0}[f(x)g(x)]$都存在

B. $\lim\limits_{x\to x_0}[f(x)+g(x)]$与$\lim\limits_{x\to x_0}[f(x)g(x)]$都不存在

C. $\lim\limits_{x\to x_0}[f(x)+g(x)]$必不存在，$\lim\limits_{x\to x_0}[f(x)g(x)]$可能存在

D. $\lim\limits_{x\to x_0}[f(x)+g(x)]$可能存在，$\lim\limits_{x\to x_0}[f(x)g(x)]$必不存在

4. 若$\lim\limits_{x\to x_0}f(x)=1$，则（　　）.

A. $f(x_0)=1$　　B. $f(x_0)>1$

C. $f(x_0)<1$　　D. $f(x_0)$可能不存在

5. $\lim\limits_{x\to x_0^-}f(x)$，$\lim\limits_{x\to x_0^+}f(x)$都存在是$\lim\limits_{x\to x_0}f(x)$存在的（　　）.

A. 充分但非必要条件　　B. 必要但非充分条件

C. 充分且必要条件　　D. 非充分也非必要条件

6. 当$x\to 0$时，下面 4 个无穷小量中，（　　）是比其他三个更高阶的无穷小量.

A. x^2　　B. $1-\cos x$　　C. $\sqrt{1-x^2}-1$　　D. $x(e^{x^2}-1)$

二、填空题.

1. 设函数 $f(x)=\begin{cases}(2-x)^{\frac{1}{x-1}} & x<1\\ a & x\geqslant 1\end{cases}$ 在 $x=1$ 处连续，则 $a=$________.

2. $\lim\limits_{x\to 0}x\sin\dfrac{1}{x}=$________，$\lim\limits_{x\to\infty}x\sin\dfrac{1}{x}=$________.

3. 若$\lim\limits_{x\to 1}\dfrac{x^3+2x+a}{x-1}=b$，则 $a=$________，$b=$________.

4. 设函数 $f(x)=\begin{cases}\dfrac{\sin 2x^2-\sin 3x^2}{x^2} & x\neq 0\\ A & x=0\end{cases}$ 在 $x=0$ 点连续，则 $A=$________.

5. 设 $f(x)=\begin{cases}\dfrac{\sin x}{x} & x<0\\ e^x+1 & x\geqslant 0\end{cases}$，则 $x=0$ 是________间断点.

三、综合题.

1. 设 $f(x)=\begin{cases}\sin x & x\geqslant\dfrac{\pi}{2}\\ \dfrac{2}{\pi}x & x<\dfrac{\pi}{2}\end{cases}$，试判断$\lim\limits_{x\to\frac{\pi}{2}}f(x)$是否存在.

2. 当 $x\to 0$ 时,证明:

(1) $\arcsin x\sim x$; (2) $\tan\dfrac{x^2}{2}\sim 1-\cos x$.

3. 求下列极限.

(1) $\lim\limits_{x\to+\infty}\arccos(\sqrt{x^2+x}+x)$; (2) $\lim\limits_{x\to 4}\dfrac{\sqrt{2x+1}-3}{\sqrt{x-2}-\sqrt{2}}$;

(3) $\lim\limits_{x\to 0}\dfrac{\log_a(1+3x)}{x}$; (4) $\lim\limits_{x\to 0}\dfrac{2^{\frac{1}{x}}-1}{2^{\frac{1}{x}}+1}$;

(5) $\lim\limits_{x\to\infty}\dfrac{3x^2+5}{5x+3}\sin\dfrac{2}{x}$.

4. 设函数 $f(x)=\begin{cases}\dfrac{e^{2x}-1}{\sin x} & x>0\\ a & x=0\\ \cos x+b & x<0\end{cases}$ 在$(-\infty,+\infty)$内连续,求常数 a,b 的值.

5. 讨论下面函数的连续性,并指出间断点及其类型.

(1) $f(x)=\begin{cases}e^{\frac{1}{x}} & x<0\\ 0 & x=0\\ x & x>0\end{cases}$; (2) $f(x)=\dfrac{x^2-1}{x(x-1)}$.

第 2 章　一元函数微分学及其应用

知识框架

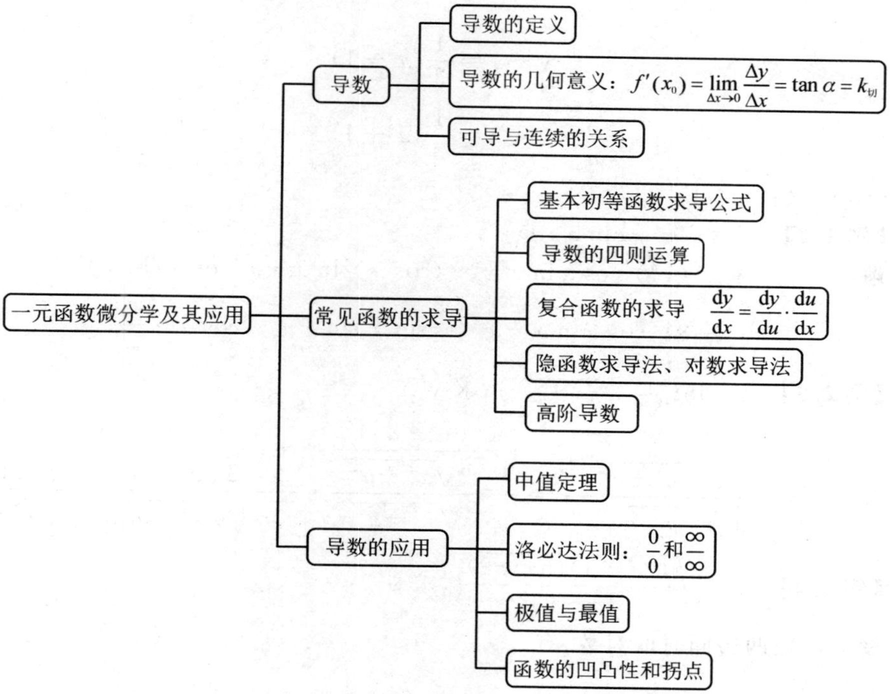

2.1　典型例题

【例 2.1】　曲线 $y=\sqrt[3]{x}$ 上哪一点的切线与直线 $y=\dfrac{1}{3}x-1$ 平行？写出其切线方程.

解　设过曲线 $y=\sqrt[3]{x}$ 上点 $P(x_0,y_0)$ 的切线与直线 $y=\dfrac{1}{3}x-1$ 平行，由导数的几何意义得

$$k_{切}=y'|_{x=x_0}=\frac{1}{3}x^{-\frac{2}{3}}$$

而直线 $y=\frac{1}{3}x-1$ 的斜率为 $k_{切}=\frac{1}{3}$. 根据两直线平行的条件有

$$\frac{1}{3}x^{-\frac{2}{3}}=\frac{1}{3}$$

解得 $x=\pm 1$,对应的 $y=\pm 1$.

因此,分别过点(1,1)和点(−1,−1),且与直线 $y=\frac{1}{3}x-1$ 平行的切线方程分别为

$$y-1=\frac{1}{3}(x-1)$$

$$y+1=\frac{1}{3}(x+1)$$

即 $x-3y\pm 2=0$.

【例 2.2】 $y=x^3\cos x\ln x$,求 y'.

解
$$\begin{aligned}y'&=(x^3)'\cos x\ln x+x^3(\cos x)'\ln x+x^3\cos x(\ln x)'\\&=3x^2\cos x\ln x+x^3(-\sin x)\ln x+x^3\cos x\cdot\frac{1}{x}\end{aligned}$$

【例 2.3】 $y=\ln(x+\sqrt{x^2+a^2})$,求 y'.

解 $$y'=\frac{(x+\sqrt{x^2+a^2})'}{x+\sqrt{x^2+a^2}}=\frac{1+\dfrac{(x^2+a^2)'}{2\sqrt{x^2+a^2}}}{x+\sqrt{x^2+a^2}}=\frac{1+\dfrac{2x}{2\sqrt{x^2+a^2}}}{x+\sqrt{x^2+a^2}}=\frac{1}{\sqrt{x^2+a^2}}$$

【例 2.4】 $y=\sqrt{\frac{(2x-1)(3x-2)}{(x-3)^3}}$,求 y'.

解 函数两边同时取对数,有

$$\ln y=\frac{1}{2}[\ln(2x+1)+\ln(3x-2)-3\ln(x-3)]$$

该等式两边同时对 x 求导,得

$$\frac{1}{y}y'=\frac{1}{2}\left(\frac{2}{2x-1}+\frac{3}{3x-2}-\frac{3}{x-3}\right)$$

因此 $$y'=\frac{1}{2}\sqrt{\frac{(2x-1)(3x-2)}{(x-3)^3}}\left(\frac{2}{2x-1}+\frac{3}{3x-2}-\frac{3}{x-3}\right)$$

【例 2.5】 设 $y=e^{ax}\sin bx$(a,b 为常数),求 $y^{(n)}$.

解
$$\begin{aligned}y'&=ae^{ax}\sin bx+be^{ax}\cos bx\\&=e^{ax}(a\sin bx+b\cos bx)\\&=e^{ax}\sqrt{a^2+b^2}\sin(bx+\varphi)\qquad\left(\varphi=\arctan\frac{b}{a}\right)\end{aligned}$$

$$y''=\sqrt{a^2+b^2}\,[ae^{ax}\sin(bx+\varphi)+be^{ax}\cos(bx+\varphi)]$$

$$=\sqrt{a^2+b^2}\,e^{ax}\,\sqrt{a^2+b^2}\sin(bx+2\varphi)$$

$$\vdots$$

$$y^{(n)}=(a^2+b^2)^{\frac{n}{2}}e^{ax}\sin(bx+2\varphi)\qquad\left(\varphi=\arctan\frac{b}{a}\right)$$

【例 2.6】 求椭圆$\frac{x^2}{16}+\frac{y^2}{9}=1$在点$\left(2,\frac{3}{2}\sqrt{3}\right)$处的切线方程.

解 椭圆方程两边对 x 求导,得

$$\frac{x}{8}+\frac{2}{9}y\cdot y'=0$$

因此

$$y'\Big|_{\substack{x=2\\ y=\frac{3}{2}\sqrt{3}}}=-\frac{9}{16}\cdot\frac{x}{y}\Big|_{\substack{x=2\\ y=\frac{3}{2}\sqrt{3}}}=-\frac{\sqrt{3}}{4}$$

故切线方程为

$$y-\frac{3}{2}\sqrt{3}=-\frac{\sqrt{3}}{4}(x-2)$$

即

$$\sqrt{3}x+4y-8\sqrt{3}=0$$

【例 2.7】 求函数 $y=e^{\sin x}$ 的微分 dy.

解 因为 $y'=e^{\sin x}(\sin x)'=\cos x\,e^{\sin x}$,所以

$$dy=\cos x\,e^{\sin x}dx$$

【例 2.8】 求隐函数 $xy=e^{x+y}$ 的导数$\frac{dy}{dx}$.

解 将方程两边同时微分,得

$$y\,dx+x\,dy=e^{x+y}(dx+dy)$$

整理得 $dy=\frac{e^{x+y}-y}{x-e^{x+y}}dx$,根据导数与微分的关系有

$$\frac{dy}{dx}=\frac{e^{x+y}-y}{x-e^{x+y}}=\frac{xy-y}{x-xy}$$

【例 2.9】 求$\sqrt[3]{65}$的近似值.

解 设 $f(x)=\sqrt[3]{x}$,则 $f'(x)=\frac{1}{3\sqrt[3]{x^2}}$,$f(65)=\sqrt[3]{65}$.

令 $x_0=64$,$\Delta x=1$,由于

$$f(x_0+\Delta x)\approx f(x_0)+f'(x_0)\Delta x$$

因此,$f(65)\approx f(64)+f'(64)\cdot 1$,即

$$\sqrt[3]{65}=\sqrt[3]{64}+\frac{1}{\sqrt[3]{64^2}}=4+\frac{1}{48}\approx 4.02$$

【例 2.10】 求$\lim\limits_{x\to 0}\frac{\tan x-x}{x^2\sin x}$.

解 注意到 $\sin x \sim x$,则

$$原式=\lim_{x\to 0}\frac{\tan x - x}{x^3}=\lim_{x\to 0}\frac{\sec^2 x - 1}{3x^2}$$

$$=\lim_{x\to 0}\frac{\tan^2 x}{3x^2}=\frac{1}{3}$$

【例 2.11】 求 $\lim\limits_{x\to 0^+} x^n \ln x\ (n>0)$.

解 $原式=\lim\limits_{x\to 0^+}\dfrac{\ln x}{x^{-n}}=\lim\limits_{x\to 0^+}\dfrac{\frac{1}{x}}{-nx^{-n-1}}=\lim\limits_{x\to 0^+}\left(-\dfrac{x^n}{n}\right)=0.$

【例 2.12】 确定函数 $f(x)=2x^3-9x^2+12x-3$ 的单调区间.

解 $f'(x)=6x^2-18x+12=6(x-1)(x-2)$,令 $f'(x)=0$,得 $x=1$,$x=2$,函数 $f(x)$的单调区间见表 2-1.

表 2-1

x	$(-\infty,1)$	1	$(1,2)$	2	$(2,+\infty)$
y'	+	0	−	0	+
y	↗	2	↘	1	↗

故 $f(x)$的单调增区间为$(-\infty,1)$,$(2,+\infty)$;$f(x)$的单调减区间为$(1,2)$.

【例 2.13】 求函数 $f(x)=(x^2-1)^3+1$ 的极值.

解 $f'(x)=6x(x^2-1)^2$,$f''(x)=6(x^2-1)(5x^2-1)$,令 $f'(x)=0$,得 $x_1=-1$,$x_2=0$,$x_3=1$.

因为 $f''(0)=6>0$,所以 $f(0)=0$ 为极小值;由于 $f''(-1)=f''(1)=0$,故须用第一判别法判别.

又因为 $f'(x)$在 $x=\pm 1$ 左右邻域内不变号,所以 $f(x)$在 $x=\pm 1$ 没有极值.

【例 2.14】 一张 1.4 m 高的图片挂在墙上,它的底边高于观察者的眼睛1.8 m,问观察者在距墙多远处看才最清楚(视角最大)?

解 设观察者与墙的距离为 x m,则

$$\theta=\arctan\frac{1.4+1.8}{x}-\arctan\frac{1.8}{x}\qquad x\in(0,+\infty)$$

$$\theta'=\frac{-3.2}{x^2+3.2^2}+\frac{1.8}{x^2+1.8^2}=\frac{-1.4(x^2-5.76)}{(x^2+3.2^2)(x^2+1.8^2)}$$

令 $\theta'=0$,得驻点 $x=2.4\in(0,+\infty)$.

根据问题的实际意义可知,观察者最佳站位存在,驻点又唯一,因此观察者站在距墙 2.4 m 处看图最清楚.

【例 2.15】 判断曲线 $y=x^4$ 的凹凸性.

解 由于 $y'=4x^3$,$y''=12x^2$,因此,当 $x\neq 0$ 时,$y''>0$;当 $x=0$ 时,$y''=0$. 故曲

线 $y=x^4$ 在 $(-\infty,+\infty)$ 上是向上凹的.

【例 2.16】 求曲线 $y=\sqrt[3]{x}$ 的拐点.

解 由题目可知 $y'=\frac{1}{3}x^{-\frac{2}{3}}$，$y''=-\frac{2}{9}x^{-\frac{5}{3}}$，所得结果见表 2-2.

表 2-2

x	$(-\infty,0)$	0	$(0,+\infty)$
y''	+	不存在	−
y	凹	拐点	凸

2.2　基础练习题

1. 根据导数的定义求下列函数的导数.

(1) $f(x)=\sqrt{2x-1}$，计算 $f'(5)$；

(2) $f(x)=\cos x$，求 $f'(x)$.

2. 求下列曲线在指定点处的切线方程和法线方程.

(1) $y=\frac{1}{x}$ 在点(1,1)处；

(2) $y=x^3$ 在点(2,8)处.

3. 求下列各函数的导数.

(1) $y=2x^2-\frac{1}{x}+5x+1$；　(2) $y=3\sqrt[3]{x^2}-\frac{1}{x^3}+\cos\frac{\pi}{3}$；

(3) $y=x^2\sin x$；　(4) $y=\frac{1}{x+\cos x}$；

(5) $y=x\ln x+\frac{\ln x}{x}$；　(6) $y=\ln x(\sin x-\cos x)$；

(7) $y=\frac{\sin x}{1+\cos x}$；　(8) $y=\frac{x\tan x}{1+x^2}$.

4. 求下列各函数在指定点处的导数值.

(1) $f(x)=\frac{x-\sin x}{x+\sin x}$，计算 $f'\left(\frac{\pi}{2}\right)$；

(2) $y=(1+x^3)\left(5-\frac{1}{x^2}\right)$，求 $y'|_{x=1}$ 和 $y'|_{x=a}$.

5. 求下列各函数的导数.

(1) $y=(x^3-x)^6$；　(2) $y=\sqrt{1+\ln^2 x}$；

(3) $y=\cot\frac{1}{x}$；　(4) $y=x^2\sin\frac{1}{x}$；

(5) $y=\sqrt{x+\sqrt{x+x}}$; (6) $y=\ln\dfrac{x}{1-x}$;

(7) $y=\sin^2(\cos 3x)$; (8) $y=(x+\sin^2 x)^4$.

6. 设 f,φ 可导,求下列函数的导数.

(1) $y=\ln f(e^x)$; (2) $y=f^2(\sin^2 x)$.

7. 设 $y=\dfrac{1}{\sqrt{2\pi}\sigma}e^{-\frac{(x-\mu)^2}{2\sigma^2}}$,其中 μ,σ 是常数,求使 $y'(x)=0$ 的 x 值.

8. 求下列各函数的导数.

(1) $y=(x^3+1)^2$,求 y''; (2) $y=x^2\sin 2x$,求 y'''.

9. 求下列各函数的 n 阶导数.

(1) $y=xe^x$; (2) $y=\sin^2 x$.

10. 求由下列方程所确定的隐函数的导数 y'.

(1) $y^3+x^3-3xy=0$; (2) $\arctan\dfrac{y}{x}=\ln\sqrt{x^2+y^2}$.

11. 用对数求导法求下列各函数的导数.

(1) $y=\dfrac{(2x+3)\sqrt[4]{x-6}}{\sqrt[3]{x+1}}$; (2) $y=(\sin x)^{\cos x}$,$\sin x>0$.

12. 求下列函数的微分.

(1) $y=\ln\sin\dfrac{x}{2}$; (2) $y=e^{-x}\cos(3-x)$.

13. 求下列极限.

(1) $\lim\limits_{x\to 0}\dfrac{\sin ax}{\sin bx}$,$b\neq 0$; (2) $\lim\limits_{x\to 1}\dfrac{x^2-x}{\ln x-x-1}$;

(3) $\lim\limits_{x\to 0}\dfrac{\tan x-x}{x-\sin x}$; (4) $\lim\limits_{x\to 1^-}\ln x\ln(1-x)$.

14. 求下列函数的单调区间.

(1) $y=2+x-x^2$; (2) $y=3x-x^3$.

15. 求下列函数的极值.

(1) $y=(x+1)^{10}e^{-x}$; (2) $y=x^{\frac{1}{3}}(1-x)\dfrac{2}{3}$.

16. 求下列函数在给定区间的最大值和最小值.

(1) $f(x)=2^x$,$x\in[1,5]$; (2) $f(x)=\sqrt{5-4x}$,$x\in[-1,1]$.

17. 所有面积为 A 的矩形中,求周长最小者.

18. 求下列函数的凹向和拐点.

(1) $y=x+x^{\frac{5}{3}}$; (2) $y=\sqrt{1+x^2}$.

19. 讨论下列函数的渐近线.

(1) $y=\dfrac{x^4}{(1+x)^3}$；　　(2) $y=\left(\dfrac{1+x}{1-x}\right)^4$.

20. 描绘 $y=\dfrac{x}{\sqrt[3]{x^2-1}}$ 的图像.

2.3 同步提高自测题

2.3.1 同步提高自测题 A

一、选择题.

1. 函数 $f(x)$ 的 $f'(x_0)$ 存在等价于(　　).

A. $\lim\limits_{n\to\infty} n\left[f(x_0+\dfrac{1}{n})-f(x_0)\right]$ 存在

B. $\lim\limits_{h\to 0}\dfrac{f(x_0-h)-f(x_0)}{h}$ 存在

C. $\lim\limits_{\Delta x\to 0}\dfrac{f(x_0+\Delta x)-f(x_0-\Delta x)}{\Delta x}$ 存在

D. $\lim\limits_{\Delta x\to 0}\dfrac{f(x_0+3\Delta x)-f(x_0+\Delta x)}{\Delta x}$ 存在

2. 若函数 $f(x)$ 在点 x_0 处可导，则 $|f(x)|$ 在点 x_0 处(　　).

A. 可导　　B. 不可导

C. 连续但未必可导　　D. 不连续

3. 直线 l 与 x 轴平行且与曲线 $y=x-e^x$ 相切，则切点为(　　).

A. (1,1)　　B. (−1,1)　　C. (0,1)　　D. (0,−1)

4. 设 $y=\cos x^2$，则 $dy=$(　　).

A. $-2x\cos x^2 dx$　　B. $2x\cos x^2 dx$

C. $-2x\sin x^2 dx$　　D. $2x\sin x^2 dx$

5. 设 $y=f(u)$ 是可微函数，u 是 x 的可微函数，则 $dy=$(　　).

A. $f'(u)u\,dx$　　B. $f'(u)du$　　C. $f'(u)dx$　　D. $f'(u)u'dx$

6. 用微分近似计算公式求得 $e^{0.05}$ 的近似值为(　　).

A. 0.05　　B. 1.05　　C. 0.95　　D. 1

7. 若函数 $f(x)$ 在 $x=a$ 的邻域内有定义，则除点 $x=a$ 外恒有 $\dfrac{f(x)-f(a)}{(x-a)^2}>0$，那么以下结论正确的是(　　).

A. $f(x)$ 在点 a 的邻域内单调增加　　B. $f(x)$ 在点 a 的邻域内单调减少

C. $f(a)$ 为 $f(x)$ 的极大值　　D. $f(a)$ 为 $f(x)$ 的极小值

8. 设 $f(x)=x^4-2x^2+5$，则 $f(0)$ 为 $f(x)$ 在区间 $[-2,2]$ 上的(　　).

A. 极小值　　B. 最小值　　C. 极大值　　D. 最大值

9. 设函数 $y=f(x)$在区间 $[a,b]$ 上有二阶导数,则当(　　)成立时,曲线 $y=f(x)$在(a,b)内是凹的.

A. $f'(a)>0$

B. $f'(b)>0$

C. 在(a,b)内 $f'(x)\neq 0$

D. $f'(a)>0$ 且 $f'(x)$在(a,b)内单调增加

10. 若 $f(x)$在(a,b)内二阶可导,且 $f'(x)>0$,$f''(x)<0$,则 $y=f(x)$在(a,b)内(　　).

A. 单调增加且凸　　B. 单调增加且凹

C. 单调减少且凸　　D. 单调减少且凹

二、填空题.

1. 设 $f(x)$在 x_0 处可导,则 $\lim\limits_{\Delta x\to 0}\dfrac{f(x_0-\Delta x)-f(x_0)}{\Delta x}=$__________,

$\lim\limits_{h\to 0}\dfrac{f(x_0+h)-f(x_0-h)}{h}=$__________.

2. 设 $f(x)=\ln 2x+2e^{\frac{1}{2}x}$,则 $f'(2)=$________.

3. 设 $f(x)=\ln\cot x$,则 $f'\left(\dfrac{\pi}{4}\right)=$________.

4. 设 $y=e^{\cos x}$,则 $y''=$________.

5. 设方程 $x^2+y^2-xy=1$,确定隐函数 $y=f(x)$,则 $y'=$________.

6. 曲线 $y=(x+1)\sqrt[3]{3-x}+e^{2x}$ 在点$(-1,e^{-2})$处的切线方程为________.

7. 设 $y=(1-3x)^{10}+3\log_2 x+\sin 2x$,则 $y''=$________.

8. 设 $y=x^3-x$ 在 $x_0=2$ 处 $\Delta x=0.01$,则 $\Delta y=$________,$dy=$________.

9. $2x^2dx=d$________.

10. 设 $y=a^x+\operatorname{arccot} x$,则 $dy=$________dx.

11. 已知 $f(x)=x(x-1)(x-2)(x-3)$,则方程 $f'(x)=0$ 有________个实根,分别位于区间________内.

12. 函数 $y=\dfrac{e^x}{x}$的单调增区间是________,单调减区间是________.

13. 已知 $f(x)=a\sin x+\dfrac{1}{3}\sin 3x$,当 $a=2$ 时,$f\left(\dfrac{\pi}{3}\right)$为极________值.

三、综合题.

1. 已知 $f(x)=2x^3+ax^2+bx+9$ 有两个极值点,分别为 1 和 2,求 $f(x)$的极大值与极小值.

2. 设 $f(x)=\arctan\sqrt{x^2-1}-\dfrac{\ln x}{\sqrt{x^2-1}}$，求 $\mathrm{d}f(x)$.

3. 求下列函数的导数.

(1) $y=(x-1)(x-2)(x-3)$；　(2) $y=\sqrt[3]{x}\sin x+a^x\mathrm{e}^x$；

(3) $y=x\log_2 x+\ln 2$；　(4) $y=\cot x\arctan x$；

(5) $y=\cos\dfrac{1}{x}$；　(6) $y=\ln\left(\dfrac{1}{x}+\ln\dfrac{1}{x}\right)$；

(7) $y=\ln(1-x)$；　(8) $y=\ln(x+\sqrt{1+x^2})$.

4. 设 $y=f(x)$ 是由方程 $\mathrm{e}^{xy}+y^3-5x=0$ 所确定的函数，求 $\left.\dfrac{\mathrm{d}y}{\mathrm{d}x}\right|_{x=0}$.

5. 求下列极限.

(1) $\lim\limits_{x\to 1}\dfrac{x^2-1}{\sqrt{x}-1}$；　(2) $\lim\limits_{x\to 0}\dfrac{1-\cos x}{x^2}$；

(3) $\lim\limits_{x\to +\infty}\dfrac{\ln\sin mx}{\ln\sin nx}$，其中 m,n 均不为 0；　(4) $\lim\limits_{x\to a^+}\dfrac{\ln(x-a)}{\ln(\mathrm{e}^x-\mathrm{e}^a)}$；

(5) $\lim\limits_{x\to\pi}(\pi-x)\tan\dfrac{x}{2}$；　(6) $\lim\limits_{x\to\infty}x(\mathrm{e}^{\frac{1}{x}}-1)$；

(7) $\lim\limits_{x\to +\infty}(\tan x)^x$.

6. 求曲线 $y=\sqrt[3]{x}$ 的凹凸性，如有拐点，求出拐点坐标.

2.3.2　同步提高自测题 B

一、选择题.

1. 设 $f(x)$ 在 $x=0$ 处可导，且 $f'(0)\neq 0$，则下列等式正确的是(　　).

A. $\lim\limits_{\Delta x\to 0}\dfrac{f(0)-f(\Delta x)}{\Delta x}=f'(0)$

B. $\lim\limits_{x\to 0}\dfrac{f(-x)-f(0)}{x}=f'(0)$

C. $\lim\limits_{x\to 0}\dfrac{f(2x)-f(0)}{x}=2f'(0)$

D. $\lim\limits_{\Delta x\to 0}\dfrac{f\left(\dfrac{\Delta x}{2}\right)-f(0)}{\Delta x}=2f'(0)$

2. 设 $u(x)$ 在点 x_0 处可导，$v(x)$ 在点 x_0 处可导，则在 x_0 处必有(　　).

A. $u(x)+v(x)$ 与 $u(x)v(x)$ 都可导

B. $u(x)+v(x)$ 可能可导，$u(x)v(x)$ 必不可导

C. $u(x)+v(x)$ 必不可导，$u(x)v(x)$ 可能可导

D. $u(x)+v(x)$与$u(x)v(x)$都必不可导

3. $f'_-(x_0)$与$f'_+(x_0)$都存在是$f'(x_0)$存在的(　　).

A. 充分必要条件　　B. 充分非必要条件

C. 必要非充分条件　　D. 既非充分也非必要条件

4. 设$y=x^3+x$,则$\left.\dfrac{dx}{dy}\right|_{y=2}=$(　　).

A. 2　　B. 4　　C. $\dfrac{1}{2}$　　D. $\dfrac{1}{4}$

5. 设可导函数$y=f(x)$在点x_0处的$f'(x_0)=\dfrac{1}{2}$,则当$\Delta x\to 0$时,dy与Δx(　　).

A. 是等价无穷小　　B. 是同阶而非等价无穷小

C. dy是比Δx高阶的无穷小　　D. Δx是比dy高阶的无穷小

6. 设可导函数$f(x)$有$f'(1)=1$,$y=f(\ln x)$,则$dy|_{x=e}=$(　　).

A. dx　　B. $\dfrac{1}{e}$　　C. $\dfrac{1}{e}dx$　　D. 1

7. 曲线$y=x^3-1$在点(1,0)处的法线的斜率为(　　).

A. 3　　B. $-\dfrac{1}{3}$　　C. 2　　D. $-\dfrac{1}{2}$

8. 设$y=f(u)$,$u=g(\sin x)$,其中f,g是可导函数,则下列表达式中错误的是(　　).

A. $dy=f'(u)du$　　B. $dy=f'(u)g'(v)dv$,$v=\sin x$

C. $dy=f'(u)g'(\sin x)dx$　　D. $dy=f'(u)g'(v)\cos x\,dx$

二、填空题.

1. 若$f'(0)$存在且$f(0)=0$,则$\lim\limits_{x\to 0}\dfrac{f(x)}{x}=$________.

2. 在曲线$y=e^x$上取横坐标$x_1=0$及$x_2=1$两点,作过这两点的割线,则曲线$y=e^x$在点________处的切线________平行于这条割线.

3. 设$f(x)=\begin{cases}x & x\geqslant 0\\ \tan x & x<0\end{cases}$,则$f(x)$在$x=0$处的导数为________.

4. 设$y=f\left(\dfrac{1}{x}\right)$,其中$f(u)$为二阶可导函数,则$\dfrac{d^2y}{dx^2}=$________.

5. d________$=\dfrac{1}{\sqrt{x}}dx$.

6. 设$y=e^x\sin x$,则$dy=$________$d(e^x)+$________$d(\sin x)$

7. $y=(x-1)\cdot\sqrt[3]{x^2}$在$x_1=$________处有极________值,在$x_2=$________处有极________值.

8. 若函数 $f(x)=ax^2+bx$ 在点 $x=1$ 处取极值 2，则 $a=$_______，$b=$_______.

9. 设 $y=e^{\sqrt{\sin 2x}}$，则 $dy=$________ $d(\sin 2x)$.

10. 方程 $x^5+x-1=0$ 在实数范围内有________个实根.

三、综合题.

1. 求由方程 $y\ln y=x+y$ 所确定的隐函数 $y=f(x)$ 的二阶导数 $\frac{d^2y}{dx^2}$ 及 $\left.\frac{d^2y}{dx^2}\right|_{x=0}$.

2. 求下列函数的导数.

(1) $y=\sqrt{x+\sqrt{x+\sqrt{x}}}$；　(2) $y=\frac{\sin 2x}{x^2}$；

(3) $y=\frac{\arcsin x}{\arccos x}$；　(4) $y=\sin[\cos^2\tan(3x)]$；

(5) $y=\sqrt{x\sin x\sqrt{1-e^x}}$；　(6) $y=x^{\ln x}$.

3. 求下列极限.

(1) $\lim\limits_{x\to 0}\frac{\sqrt{1+x}-\sqrt{1-x}}{x^2}$；　(2) $\lim\limits_{x\to 0}\frac{\tan x-x}{x-\sin x}$；

(3) $\lim\limits_{x\to \infty}\frac{\ln(1+3x^2)}{\ln(3+x^4)}$；　(4) $\lim\limits_{n\to \infty}n(3^{\frac{1}{n}}-1)$；

(5) $\lim\limits_{x\to 0}\left(\frac{2}{\pi}\arccos x\right)^{\frac{1}{x}}$.

4. 设函数 $f(x)=x^3+ax^2+bx+c$. 试问当常数 a,b 分别满足什么关系时，函数 $f(x)$ 一定没有极值/可能有一个极值/可能有两个极值？

第 3 章　不定积分

知识框架

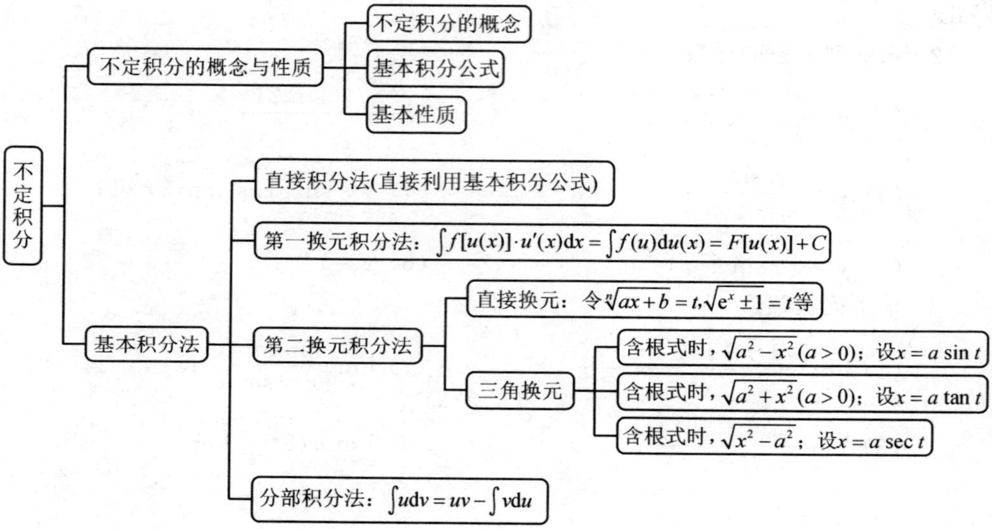

3.1　典型例题

【例 3.1】　求下列不定积分.

(1) $\int \dfrac{1}{x^2}\mathrm{d}x$；　　(2) $\int x\sqrt{x}\,\mathrm{d}x$；

(3) $\int \dfrac{1}{\sqrt{x}}\mathrm{d}x$；　　(4) $\int \dfrac{(1-x)^2}{\sqrt{x}}\mathrm{d}x$；

(5) $\int \dfrac{3x^4+3x^2+1}{1+x^2}\mathrm{d}x$；　　(6) $\int \dfrac{x^2}{1+x^2}\mathrm{d}x$；

(7) $\int \sec x(\sec x-\tan x)\mathrm{d}x$；　　(8) $\int \cos^2\dfrac{x}{2}\mathrm{d}x$.

解　(1) $\int \dfrac{1}{x^2}\mathrm{d}x=\int x^{-2}\mathrm{d}x=\dfrac{1}{-2+1}x^{-2+1}+C=-\dfrac{1}{x}+C$；

(2) $\int x\sqrt{x}\,\mathrm{d}x=\int x^{\frac{3}{2}}\mathrm{d}x=\dfrac{1}{\frac{3}{2}+1}x^{\frac{3}{2}+1}+C=\dfrac{2}{5}x^{\frac{5}{2}}+C$；

(3) $\int \frac{1}{\sqrt{x}}\mathrm{d}x=\int x^{-\frac{1}{2}}\mathrm{d}x=\frac{1}{-\frac{1}{2}+1}x^{-\frac{1}{2}+1}+C=2\sqrt{x}+C$；

(4) $\int \frac{(1-x)^2}{\sqrt{x}}\mathrm{d}x=\int \frac{1-2x+x^2}{\sqrt{x}}\mathrm{d}x=\int\left(x^{-\frac{1}{2}}-2x^{\frac{1}{2}}+x^{\frac{3}{2}}\right)\mathrm{d}x$

$$=2x^{\frac{1}{2}}-\frac{4}{3}x^{\frac{3}{2}}+\frac{2}{5}x^{\frac{5}{2}}+C;$$

(5) $\int \frac{3x^4+3x^2+1}{1+x^2}\mathrm{d}x=\int\left(3x^2+\frac{1}{1+x^2}\right)\mathrm{d}x=x^3+\arctan x+C$；

(6) $\int \frac{x^2}{1+x^2}\mathrm{d}x=\int \frac{x^2+1-1}{1+x^2}\mathrm{d}x=\int\left(1-\frac{1}{1+x^2}\right)\mathrm{d}x$

$$=x-\arctan x+C;$$

(7) $\int \sec x(\sec x-\tan x)\mathrm{d}x=\int(\sec^2 x-\sec x\tan x)\mathrm{d}x$

$$=\tan x-\sec x+C;$$

(8) $\int \cos^2\frac{x}{2}\mathrm{d}x=\int \frac{1+\cos x}{2}\mathrm{d}x=\frac{1}{2}\int(1+\cos x)\mathrm{d}x=$

$$\frac{1}{2}(x+\sin x)+C.$$

【例 3.2】 求下列不定积分(其中 a,b,ω,φ 均为常数).

(1) $\int e^{5x}\mathrm{d}x$；　　(2) $\int(3-2x)^3\mathrm{d}x$；

(3) $\int \frac{1}{1-2x}\mathrm{d}x$；　　(4) $\int \frac{1}{\sqrt[3]{2-3x}}\mathrm{d}x$；

(5) $\int\left(\sin ax-e^{\frac{x}{b}}\right)\mathrm{d}x$；　　(6) $\int \frac{\sin\sqrt{x}}{\sqrt{x}}\mathrm{d}x$.

解　(1) $\int e^{5x}\mathrm{d}x=\frac{1}{5}\int e^{5x}\mathrm{d}5x=\frac{1}{5}e^{5x}+C$；

(2) $\int(3-2x)^3\mathrm{d}x=-\frac{1}{2}\int(3-2x)^3\mathrm{d}(3-2x)=-\frac{1}{8}(3-2x)^4+C$；

(3) $\int \frac{1}{1-2x}\mathrm{d}x=-\frac{1}{2}\int \frac{1}{1-2x}\mathrm{d}(1-2x)=-\frac{1}{2}\ln|1-2x|+C$；

(4) $\int \frac{1}{\sqrt[3]{2-3x}}\mathrm{d}x=-\frac{1}{3}\int(2-3x)^{-\frac{1}{3}}\mathrm{d}(2-3x)$

$$=-\frac{1}{3}\cdot\frac{3}{2}(2-3x)^{\frac{2}{3}}+C$$

$$=-\frac{1}{2}(2-3x)^{\frac{2}{3}}+C;$$

(5) $\int\left(\sin ax-\mathrm{e}^{\frac{x}{b}}\right)\mathrm{d}x=\frac{1}{a}\int\sin ax\,\mathrm{d}(ax)-b\int\mathrm{e}^{\frac{x}{b}}\,\mathrm{d}\left(\frac{x}{b}\right)$

$$=-\frac{1}{a}\cos ax-b\mathrm{e}^{\frac{x}{b}}+C;$$

(6) $\int\frac{\sin\sqrt{x}}{\sqrt{x}}\mathrm{d}x=2\int\sin\sqrt{x}\,\mathrm{d}\sqrt{x}=-2\cos\sqrt{x}+C.$

【例 3.3】 求下列积分.

(1) $\int\frac{x^2}{\sqrt{a^2-x^2}}\mathrm{d}x\quad(a>0)$

解 如图 3-1 所示, $\int\frac{x^2}{\sqrt{a^2-x^2}}\mathrm{d}x\xlongequal{令x=a\sin t}\int\frac{a^2\sin^2 t}{a\cos t}a\cos t\,\mathrm{d}t=a^2\int\sin^2 t\,\mathrm{d}t=$ $a^2\int\frac{1-\cos 2t}{2}\mathrm{d}t=\frac{1}{2}a^2t-\frac{a^2}{4}\sin 2t+C=\frac{a^2}{2}\arcsin\frac{x}{a}-\frac{x}{2}\sqrt{a^2-x^2}+C.$

(2) $\int\frac{1}{x\sqrt{x^2-1}}\mathrm{d}x$;

解 如图 3-2 所示, $\int\frac{1}{x\sqrt{x^2-1}}\mathrm{d}x\xlongequal{令x=\sec t}\int\frac{1}{\sec t\cdot\tan t}\sec t\cdot\tan t\,\mathrm{d}t=$ $\int\mathrm{d}t=t+C=\arccos\frac{1}{x}+C$, 或 $\int\frac{1}{x\sqrt{x^2-1}}\mathrm{d}x=\int\frac{1}{x^2\sqrt{1-\frac{1}{x^2}}}\mathrm{d}x=$ $-\int\frac{1}{\sqrt{1-\frac{1}{x^2}}}\mathrm{d}\frac{1}{x}=\arccos\frac{1}{x}+C.$

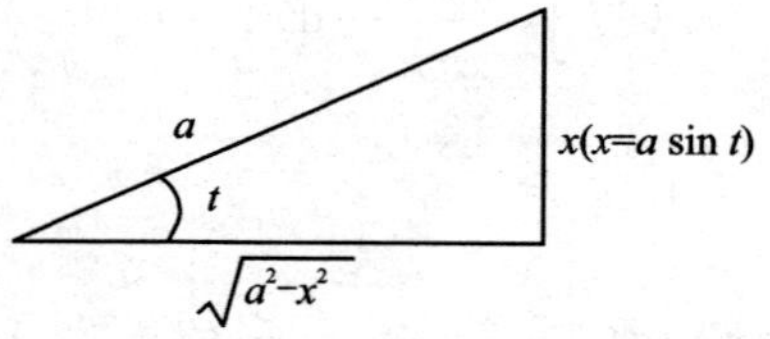

图 3-1

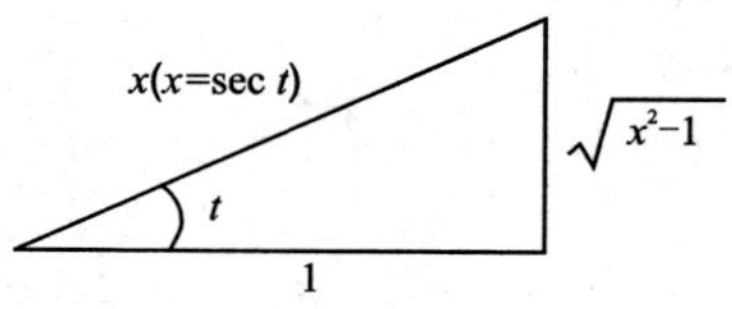

图 3-2

(3) $\int\frac{1}{\sqrt{(x^2+1)^3}}\mathrm{d}x$

解 如图 3-3 所示, $\int\frac{1}{\sqrt{(x^2+1)^3}}\mathrm{d}x\xlongequal{令x=\tan t}\int\frac{1}{\sqrt{(\tan t^2+1)^3}}\mathrm{d}\tan t=$ $\int\cos t\,\mathrm{d}t=\sin t+C=\frac{x}{\sqrt{x^2+1}}+C.$

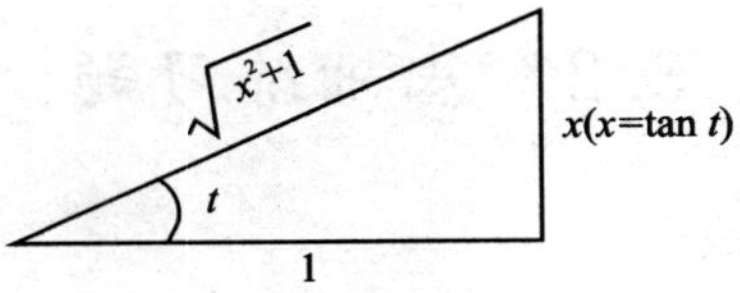

图 3－3

【例 3.4】 求下列积分.

(1) $\int x\sin x\mathrm{d}x$

解 $\int x\sin x\mathrm{d}x=-\int x\mathrm{d}\cos x=-x\cos x+\int\cos x\mathrm{d}x$

$$=-x\cos x+\sin x+C.$$

(2) $\int\ln x\mathrm{d}x$

解 $\int\ln x\mathrm{d}x=x\ln x-\int x\mathrm{d}\ln x=x\ln x-\int\mathrm{d}x=x\ln x-x+C.$

(3) $\int\arcsin x\mathrm{d}x$

解 $\int\arcsin x\mathrm{d}x=x\arcsin x-\int x\mathrm{d}\arcsin x$

$$=x\arcsin x-\int\frac{x}{\sqrt{1-x^2}}\mathrm{d}x$$

$$=x\arcsin x+\sqrt{1-x^2}+C.$$

(4) $\int x\mathrm{e}^{-x}\mathrm{d}x$

解 $\int x\mathrm{e}^{-x}\mathrm{d}x=-\int x\mathrm{d}\mathrm{e}^{-x}=-x\mathrm{e}^{-x}+\int\mathrm{e}^{-x}\mathrm{d}x$

$$=-x\mathrm{e}^{-x}-\mathrm{e}^{-x}+C$$

$$=-(x+1)\mathrm{e}^{-x}+C.$$

(5) $\int x^2\ln x\mathrm{d}x$

解 $\int x^2\ln x\mathrm{d}x=\frac{1}{3}\int\ln x\mathrm{d}x^3=\frac{1}{3}x^3\ln x-\frac{1}{3}\int x^3\mathrm{d}\ln x$

$$=\frac{1}{3}x^3\ln x-\frac{1}{3}\int x^2\mathrm{d}x$$

$$=\frac{1}{3}x^3\ln x-\frac{1}{9}x^3+C.$$

3.2 基础练习题

1. 验证下列等式是否成立.

(1) $\int \frac{x}{\sqrt{1+x^2}}\mathrm{d}x=\sqrt{1+x^2}+C$;

(2) $\int 3x^2\mathrm{e}^{x^3}\mathrm{d}x=\mathrm{e}^{x^3}+C$.

2. 求下列不定积分.

(1) $\int x^2\sqrt[3]{x}\,\mathrm{d}x$;　　(2) $\int \frac{1}{x^2\sqrt{x}}\mathrm{d}x$;

(3) $\int \sqrt[m]{x^n}\,\mathrm{d}x$;　　(4) $\int (x^2-3x+2)\,\mathrm{d}x$;

(5) $\int (x^2+1)^2\,\mathrm{d}x$;　　(6) $\int (\sqrt{x}+1)(\sqrt{x^3}-1)\,\mathrm{d}x$.

3. 某曲线在任一点的切线斜率等于该点横坐标的倒数,且通过点$(\mathrm{e}^2,3)$,求该曲线方程.

4. 求下列不定积分.

(1) $\int \frac{1}{\sqrt[3]{3-2x}}\mathrm{d}x$;　　(2) $\int \tan 5x\,\mathrm{d}x$;

(3) $\int x\mathrm{e}^{-x^2}\,\mathrm{d}x$;　　(4) $\int (x^2-3x+1)^{100}(2x-3)\,\mathrm{d}x$;

(5) $\int \frac{x^2}{(x-1)^{100}}\mathrm{d}x$;　　(6) $\int \frac{1}{1+3x}\mathrm{d}x$.

5. 求下列不定积分.

(1) $\int \frac{\arctan\sqrt{x}}{\sqrt{x}(1+x)}\mathrm{d}x$;　　(2) $\int \frac{f'(x)}{1+f^2(x)}\mathrm{d}x$;

6. 求下列积分.

(1) $\int \frac{x^2}{\sqrt{2-x}}\mathrm{d}x$;　　(2) $\int \frac{\sqrt{x+1}-1}{\sqrt{x+1}+1}\mathrm{d}x$.

7. 用分部积分法计算下列积分.

(1) $\int \arctan x\,\mathrm{d}x$;　　(2) $\int \mathrm{e}^{\sqrt{x}}\,\mathrm{d}x$.

3.3　同步提高自测题

3.3.1　同步提高自测题 A

一、选择题.

1. 已知 $\int f(x)\mathrm{d}x = \mathrm{e}^x \cos 2x + C$，则 $f(x)=$(　　).

A. $\mathrm{e}^x(\cos 2x - 2\sin 2x)$　　B. $\mathrm{e}^x(\cos 2x - 2\sin 2x) + C$

C. $\mathrm{e}^x \cos 2x$　　D. $-\mathrm{e}^x \sin 2x$

2. 若 $F(x)$，$G(x)$ 均为 $f(x)$ 的原函数，则 $F'(x)-G'(x)=$(　　).

A. $f(x)$　　B. 0　　C. $F(x)$　　D. $f'(x)$

3. 函数 $f(x)$ 的(　　)原函数，称为 $f(x)$ 的不定积分.

A. 任意一个　　B. 所有　　C. 唯一　　D. 某一个

4. 设 $f(x)$ 是可导函数，则 $\frac{\mathrm{d}}{\mathrm{d}x}\int f(x)\mathrm{d}x=$(　　).

A. $f(x)$　　B. $f(x)+C$　　C. $f'(x)$　　D. $f'(x)+C$

5. $\int \sqrt[3]{x} \cdot \sqrt{x}\, \mathrm{d}x =$(　　).

A. $\frac{6}{11}x^{\frac{11}{6}}+C$　　B. $\frac{5}{6}x^{\frac{6}{5}}+C$

C. $\frac{3}{4}x^{\frac{4}{3}}+C$　　D. $\frac{2}{3}x^{\frac{3}{2}}+C$

6. $\int \mathrm{d}x =$(　　).

A. x　　B. $x+C$　　C. 1　　D. 0

7. $\int \frac{1}{x^3}\mathrm{d}x =$(　　).

A. $-\frac{1}{2x^2}+C$　　B. x^3+C

C. $\frac{1}{3}x^3+C$　　D. $x^{-2}+C$

8. 设 $a=\ln 2$，则 $\int (2^x + a^3)\mathrm{d}x =$(　　).

A. $\frac{2^x}{\ln 2}+a^3x$　　B. $\frac{2^x}{\ln 2}+\frac{a^3}{4}+C$

C. $\frac{2^x}{\ln 2}+(\ln 2)^3x+C$　　D. $\frac{2^x}{\ln 2}+(\ln 2)^3+C$

9. $\int\left(\frac{1}{x^{2}}-\sin x\right)\mathrm{d}x=($　　$)$.

A. $\frac{1}{x^{2}}-\cos x+C$　　　　B. $\frac{1}{x^{2}}+\cos x+C$

C. $-\frac{1}{x}+\cos x+C$　　　　D. $-\frac{1}{x}-\cos x+C$

10. $\int\left(\frac{1}{1+x^{2}}\right)'\mathrm{d}x=($　　$)$.

A. $\frac{1}{1+x^{2}}$　　　　B. $\frac{1}{1+x^{2}}+C$

C. $\arctan x$　　　　D. $\arctan x+C$

二、填空题.

1. 函数 $f(x)=x^{2}+\sin x$ 的一个原函数是____________.

2. $\mathrm{d}x=$________ $\mathrm{d}(2-3x)$.

3. $x\mathrm{d}x=$________ $\mathrm{d}(2x^{2}-1)$.

4. $\sin\frac{x}{3}\mathrm{d}x=$________ $\mathrm{d}\left(\cos\frac{x}{3}\right)$.

5. $\int a^{x}\mathrm{d}x=$________.

6. $\int\sin x\mathrm{d}x=$________.

7. $\int\sec^{2}x\mathrm{d}x=$________.

8. 设 e^{-x} 是 $f(x)$的一个原函数,则 $\int xf'(x)\mathrm{d}x=$________.

三、综合题.

1. 已知 $f(x)$的一个原函数为$\frac{\sin x}{x}$,证明:$\int xf'(x)\mathrm{d}x=\cos x-\frac{2\sin x}{x}+C$.

2. 一曲线过原点且曲线每一点(x,y)处的切线斜率等于 x^{3},求这曲线的方程.

3. 求下列不定积分.

(1) $\int 5x^{3}\mathrm{d}x$;　　　　(2) $\int(x-2)^{2}\mathrm{d}x$;

(3) $\int\frac{\cos 2x}{\cos^{2}x\sin^{2}x}\mathrm{d}x$;　　　　(4) $\int\left(1-\frac{1}{x^{2}}\right)\sqrt{x\sqrt{x}}\,\mathrm{d}x$;

(5) $\int\sin 2x\mathrm{d}x$;　　　　(6) $\int\mathrm{e}^{3x}\mathrm{d}x$;

(7) $\int\sqrt{1-2x}\,\mathrm{d}x$;　　　　(8) $\int\frac{\sin x}{1+\cos x}\mathrm{d}x$;

(9) $\int \frac{1}{1+\sqrt{2x}}\mathrm{d}x$；　　(10) $\int x^2 \mathrm{e}^{-x}\mathrm{d}x$.

4. 先计算下列各组中的不定积分，然后比较其积分方法.

(1) $\int \sin x\mathrm{d}x$；　$\int \sin^2 x\mathrm{d}x$；　$\int \sin^3 x\mathrm{d}x$；　$\int \sin^4 x\mathrm{d}x$.

(2) $\int \ln x\mathrm{d}x$；　$\int x\ln x\mathrm{d}x$；　$\int \frac{\ln x}{x}\mathrm{d}x$；　$\int \frac{\mathrm{d}x}{x\ln x}$.

3.3.2　同步提高自测题 B

一、选择题.

1. 若 $f'(x)=g'(x)$，则下列式子一定成立的是(　　).

A. $f(x)=g(x)$　　B. $\int \mathrm{d}f(x)=\int \mathrm{d}g(x)$

C. $\left[\int f(x)\mathrm{d}x\right]'=\left[\int g(x)\mathrm{d}x\right]'$　　D. $f(x)=g(x)+1$

2. $\int [f(x)+xf'(x)]\mathrm{d}x=$(　　).

A. $f(x)+C$　　B. $f'(x)+C$　　C. $f^2(x)+C$　　D. $xf(x)+C$

3. 若 $\ln|x|$ 是函数 $f(x)$ 的一个原函数，则 $f(x)$ 的另一个原函数是(　　).

A. $\ln|ax|$　　B. $\frac{1}{a}\ln|ax|$　　C. $\ln|x+a|$　　D. $\frac{1}{2}(\ln x)^2$

4. 下列各式中，计算正确的是(　　).

A. $\int \frac{1}{1-x}\mathrm{d}x=\int \frac{1}{1-x}\mathrm{d}(1-x)=\ln|1-x|+C$

B. $\int \frac{1}{1+\mathrm{e}^x}\mathrm{d}x=\ln(1+\mathrm{e}^x)+C$

C. $\int \cos 2x\mathrm{d}x=\sin 2x+C$

D. $\int \frac{\tan^2 x}{1-\sin^2 x}\mathrm{d}x=\int \tan^2 x\mathrm{d}(\tan x)=\frac{1}{3}\tan^3 x+C$

5. 积分 $\int \frac{\mathrm{e}^{2x}}{\sqrt{4-\mathrm{e}^{4x}}}\mathrm{d}x=$(　　).

A. $\arcsin\frac{\mathrm{e}^{2x}}{2}+C$　　B. $\frac{1}{2}\arcsin\frac{\mathrm{e}^{2x}}{2}+C$

C. $\frac{1}{4}\arcsin\frac{\mathrm{e}^{2x}}{2}+C$　　D. $2\arcsin\frac{\mathrm{e}^{2x}}{2}+C$

6. 若 $\int f(x)\mathrm{d}x=F(x)+C$，则 $\int \sin xf(\cos x)\mathrm{d}x=$(　　).

A. $F(\sin x)+C$　　B. $-F(\sin x)+C$

C. $F(\cos x)+C$　　　　D. $-F(\cos x)+C$

7. 若 $f'(x^2)=\frac{1}{x}(x>0)$，则 $f(x)=($　　$)$.

A. $\frac{1}{\sqrt{x}}+C$　　B. $2\sqrt{x}+C$　　C. $\sqrt{x}+C$　　D. $\ln|x|+C$

8. $\int 2x e^{x^2} dx=($　　$)$.

A. $e^{x^2}+C$　　B. $\frac{1}{2}e^{x^2}+C$　　C. $xe^{x^2}+C$　　D. $e^{x^2}+2$

9. $\int f'(\sqrt{x})d\sqrt{x}=($　　$)$.

A. $f(\sqrt{x})$　　B. $f(x)$　　C. $f(\sqrt{x})+C$　　D. $f(x)+C$

10. 设 $f(x)$ 是连续函数，且 $\int f(x)dx=F(x)+C$，则下列各式正确的是(　　).

A. $\int f(x^2)dx=F(x^2)+C$　　　　B. $\int f(3x+2)dx=F(3x+2)+C$

C. $\int f(e^x)dx=F(e^x)+C$　　　　D. $\int f(\ln 2x)\frac{1}{x}dx=F(\ln 2x)+C$

二、填空题.

1. 设 $f(x)$是连续函数，则 $d\int f(x)dx=$________.

2. $\frac{1}{1+9x^2}dx=$________$d(\arctan 3x)$.

3. $\frac{x\,dx}{\sqrt{1-x^2}}=$________$d(\sqrt{1-x^2})$.

4. 若 $f(x)$的导函数是 $\sin x$，则 $f(x)$的所有原函数为________.

5. 设是 $F_1(x)$，$F_2(x)$是 $f(x)$的两个不同的原函数，且 $f(x)\neq 0$，则 $F_1(x)-F_2(x)=$________.

6. $\int xe^{-x}dx=-\int x\,d$________$=$________.

7. 设 x^3 为 $f(x)$的一个原函数，则 $df(x)=$________.

三、综合题.

1. 用指定的变换计算 $\int\frac{dx}{x\sqrt{x^2-1}}$，$x>1$.

(1) $x=\sec t$；　　　　(2) $x=\frac{1}{t}$.

2. 求函数 $f(x)=\sqrt{1-x^2}$ 在闭区间$[-1,1]$上的平均值.

3. 求下列不定积分.

(1) $\int \frac{1}{\sqrt{2gh}}\mathrm{d}h$ (g 是常数)；

(2) $\int \frac{\cos 2x}{\cos x-\sin x}\mathrm{d}x$；

(3) $\int \frac{\cos 2x}{\cos^2 x\sin^2 x}\mathrm{d}x$；

(4) $\int \frac{1}{x\ln x\ln(\ln x)}\mathrm{d}x$；

(5) $\int \frac{x\tan\sqrt{1+x^2}}{\sqrt{1+x^2}}\mathrm{d}x$；

(6) $\int \frac{\sin x+\cos x}{\sqrt[3]{\sin x-\cos x}}\mathrm{d}x$；

(7) $\int \sin^3 x\cos^3 x\,\mathrm{d}x$；

(8) $\int \mathrm{e}^x\sin \mathrm{e}^x\,\mathrm{d}x$；

(9) $\int \frac{\sqrt{x^2-9}}{x}\mathrm{d}x$；

(10) $\int \frac{1}{1+\sqrt{1-x^2}}\mathrm{d}x$；

(11) $\int \frac{1}{x+\sqrt{1-x^2}}\mathrm{d}x$；

(12) $\int \mathrm{e}^x\sin x\,\mathrm{d}x$；

(13) $\int x\arctan x\,\mathrm{d}x$.

4. 已知 $f(x)=\frac{1}{x}\mathrm{e}^x$，求 $\int xf''(x)\mathrm{d}x$.

5. 设 $f(\ln x)=\frac{\ln(1+x)}{x}$，求 $\int f(x)\mathrm{d}x$.

6. 已知 $\int f(x)\mathrm{d}x=\sin x^2+C$，求 $\int \frac{xf\left(\sqrt{2x^2-1}\right)}{\sqrt{2x^2-1}}\mathrm{d}x$.

第 4 章　定积分

知识框架

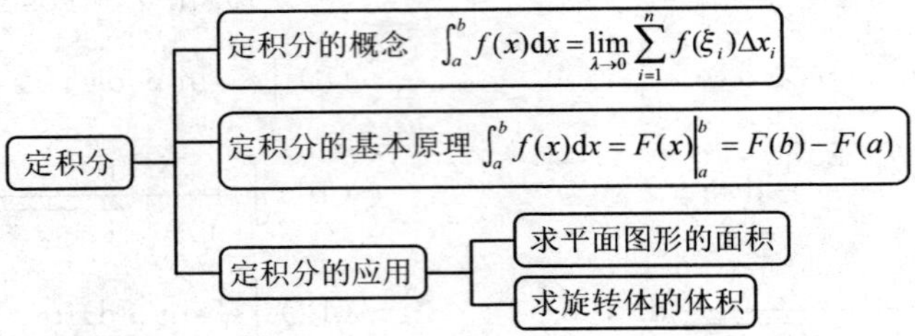

4.1　典型例题

【例 4.1】　利用定积分的几何意义计算 $\int_{-1}^{1}\sqrt{1-x^2}\,\mathrm{d}x$.

解　由图 4 - 1 可知，

$$\int_{-1}^{1}\sqrt{1-x^2}\,\mathrm{d}x=\frac{1}{2}\cdot\pi\cdot 1^2=\frac{1}{2}\pi.$$

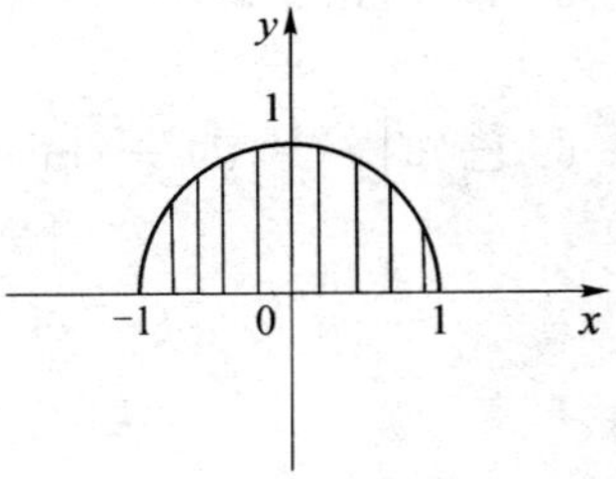

图 4 - 1

【例 4.2】　估计定积分 $\int_{-1}^{1}\mathrm{e}^{-x^2}\mathrm{d}x$ 的值.

解　先求 $f(x)=\mathrm{e}^{-x^2}$ 在区间 $[-1,1]$ 的最大值和最小值，因为 $f'(x)=-2x\mathrm{e}^{-x^2}$，令 $f'(x)=0$，得驻点 $x=0$. $f(x)$ 在驻点及区间端点处的函数值分别为

$$f(0)=\mathrm{e}^0=1$$

$$f(-1)=f(1)=\mathrm{e}^{-1}=\frac{1}{\mathrm{e}}$$

故，最大值 $M=1$，最小值 $m=\frac{1}{\mathrm{e}}$.

由估值性质得

$$\frac{2}{\mathrm{e}}\leqslant\int_{-1}^{1}\mathrm{e}^{-x^2}\mathrm{d}x\leqslant 2$$

【例 4.3】　求 $\frac{\mathrm{d}}{\mathrm{d}x}\int_0^x\sin(3t-t^2)\,\mathrm{d}t$.

解　$\dfrac{d}{dx}\int_0^x \sin(3t-t^2)\,dt=\sin(3x-x^2)$.

【例 4.4】　求$\dfrac{d}{dx}\int_0^{x^3}\ln(1+t)\,dt$.

解　$\dfrac{d}{dx}\int_0^{x^3}\ln(1+t)\,dt=\ln(1+x^3)(x^3)'=3x^2\ln(1+x^3)$.

【例 4.5】　求$\lim\limits_{x\to0}\dfrac{\int_0^x \sin t\,dt}{x^2}$.

解　$\lim\limits_{x\to0}\dfrac{\int_0^x \sin t\,dt}{x^2}=\lim\limits_{x\to0}\dfrac{\left(\int_0^x \sin t\,dt\right)'}{(x^2)'}=\lim\limits_{x\to0}\dfrac{\sin x}{2x}=\dfrac{1}{2}$.

【例 4.6】　计算下列各定积分.

(1) $\int_0^a(3x^2-x+1)\,dx$.

解　$\int_0^a(3x^2-x+1)\,dx=\left(x^3-\dfrac{1}{2}x^2+x\right)\Big|_0^a=a^3-\dfrac{1}{2}a^2+a$.

(2) $\int_1^2\left(x^2+\dfrac{1}{x^2}\right)dx$.

解　$$\int_1^2\left(x^2+\frac{1}{x^2}\right)dx=\left(\frac{1}{3}x^3-\frac{1}{3}x^{-1}\right)\Big|_1^2=\left(\frac{8}{3}-\frac{1}{2}\right)-\left(\frac{1}{3}-1\right)$$
$$=\frac{17}{6}.$$

(3) $\int_4^9\sqrt{x}(1+\sqrt{x})\,dx$.

解　$$\int_4^9\sqrt{x}(1+\sqrt{x})\,dx=\int_4^9\left(x^{\frac{1}{2}}+x\right)dx=\left(\frac{2}{3}x^{\frac{3}{2}}+\frac{1}{2}x^2\right)\Big|_4^9$$
$$=\left(\frac{2}{3}9^{\frac{3}{2}}+\frac{1}{2}9^2\right)-\left(\frac{2}{3}4^{\frac{3}{2}}+\frac{1}{2}4^2\right)=45\frac{1}{6}.$$

【例 4.7】　求下列定积分.

(1) $\int_1^4\dfrac{dx}{1+\sqrt{x}}$.

解　$$\int_1^4\frac{dx}{1+\sqrt{x}}\xlongequal{令\sqrt{x}=u}\int_1^2\frac{1}{1+u}du=2\int_1^2\left(1-\frac{1}{1+u}\right)du$$
$$=2(u-\ln|1+u|)\Big|_1^2=2\left(1+\ln\frac{2}{3}\right).$$

(2) $\int_{\frac{3}{4}}^1\dfrac{dx}{\sqrt{1-x}-1}$.

解 $\int_{\frac{3}{4}}^{1}\frac{dx}{\sqrt{1-x}-1}\xlongequal{\text{令}\sqrt{1-x}=u}\int_{\frac{1}{2}}^{0}\frac{1}{u-1}(-2u)\,du=2\int_{0}^{\frac{1}{2}}\left(1+\frac{1}{u-1}\right)du$

$$=2(u+\ln|u-1|)\Big|_{0}^{\frac{1}{2}}=1-2\ln 2.$$

(3) $\int_{0}^{\frac{\pi}{2}}e^{2x}\cos x\,dx$.

解 $\int_{0}^{\frac{\pi}{2}}e^{2x}\cos x\,dx=\int_{0}^{\frac{\pi}{2}}e^{2x}d\sin x=e^{2x}\sin x\Big|_{0}^{\frac{\pi}{2}}-2\int_{0}^{\frac{\pi}{2}}e^{2x}\sin x\,dx$

$$=e^{\pi}+2\int_{0}^{\frac{\pi}{2}}e^{2x}\cos x\,dx=e^{\pi}+2e^{2x}\cos x\Big|_{0}^{\frac{\pi}{2}}-4\int_{0}^{\frac{\pi}{2}}e^{2x}\cos x\,dx$$

$$=e^{\pi}+2-4\int_{0}^{\frac{\pi}{2}}e^{2x}\cos x\,dx$$

即

$$\int_{0}^{\frac{\pi}{2}}e^{2x}\cos x\,dx=\frac{1}{5}(e^{\pi}-2)$$

【例4.8】 判别下列各广义积分的收敛性,如果收敛计算广义积分的值.

(1) $\int_{1}^{+\infty}\frac{1}{x^4}dx$.

解 因为

$$\int_{1}^{+\infty}\frac{1}{x^4}dx=-\frac{1}{3}x^{-3}\Big|_{1}^{+\infty}=\lim_{x\to+\infty}\left(-\frac{1}{3}x^{-3}\right)+\frac{1}{3}=\frac{1}{3}$$

所以广义积分 $\int_{1}^{+\infty}\frac{1}{x^4}dx$ 收敛,且 $\int_{1}^{+\infty}\frac{1}{x^4}dx=\frac{1}{3}$.

(2) $\int_{1}^{+\infty}\frac{dx}{\sqrt{x}}$.

解 因为

$$\int_{1}^{+\infty}\frac{dx}{\sqrt{x}}=2\sqrt{x}\Big|_{1}^{+\infty}=\lim_{x\to+\infty}2\sqrt{x}-2=+\infty$$

所以广义积分 $\int_{1}^{+\infty}\frac{dx}{\sqrt{x}}$ 发散.

(3) $\int_{0}^{+\infty}e^{-ax}dx\ (a>0)$.

解 因为

$$\int_{0}^{+\infty}e^{-ax}dx=-\frac{1}{a}e^{-ax}\Big|_{0}^{+\infty}=\lim_{x\to+\infty}\left(-\frac{1}{a}e^{-ax}\right)+\frac{1}{a}=\frac{1}{a}$$

所以广义积分 $\int_{0}^{+\infty}e^{-ax}dx$ 收敛,且 $\int_{0}^{+\infty}e^{-ax}dx=\frac{1}{a}$.

(4) $\int_{-\infty}^{+\infty}\frac{dx}{x^2+2x+2}$.

解 因为

$$\int_{-\infty}^{+\infty}\frac{dx}{x^2+2x+2}=\int_{-\infty}^{+\infty}\frac{dx}{1+(x+1)^2}=\arctan(x+1)\Big|_{-\infty}^{+\infty}$$

$$=\frac{\pi}{2}-\left(-\frac{\pi}{2}\right)=\pi$$

所以广义积分 $\int_{-\infty}^{+\infty}\frac{dx}{x^2+2x+2}$ 收敛.

【例 4.9】 设函数 $f(x)=\frac{1}{x^2}+2\int_1^2 f(x)dx$.

(1) 求函数 $f(x)$的表达式.

(2) 求曲线 $y=f(x)$,直线 $x=2$,以及 x 轴所围成的平面区域的面积.

解 (1) 设 $f(x)=A$,则 $f(x)=\frac{1}{x^2}+2A$,且有

$$A=\int_1^2 f(x)dx=\int_1^2\left(\frac{1}{x^2}+2A\right)dx=\left(-\frac{1}{x}+2Ax\right)\Big|_1^2$$

即 $A=\frac{1}{2}+2A\Rightarrow A=-\frac{1}{2}$,因此

$$f(x)=\frac{1}{x^2}-1$$

(2) 由于 $f(1)=0$,当 $1<x\leqslant 2$ 时,$f(x)<0$,故所求平面区域的面积为

$$\int_1^2[-f(x)]dx=\int_1^2\left(1-\frac{1}{x^2}\right)dx=\left(x+\frac{1}{x}\right)\Big|_1^2=\frac{1}{2}$$

【例 4.10】 求由曲线 $y=\frac{1}{4}x^2$,$y=\frac{2}{x}$,以及 $x=4$ 所围成的图形面积,并求此图形绕 x 轴旋转一周所得旋转体的体积.

解 由题意联立方程 $\begin{cases}y=\frac{2}{x}\\ y=\frac{1}{4}x^2\end{cases}$ 求解,得交点为(2,1),故所求面积为

$$A=\int_2^4\left(\frac{x^2}{4}-\frac{2}{x}\right)dx=\left(\frac{x^3}{12}-2\ln|x|\right)\Big|_2^4=\frac{14}{3}-2\ln 2$$

所围成图形绕 x 轴旋转一周所得旋转体的体积为

$$V=\pi\int_2^4\left[\left(\frac{x^2}{4}\right)^2-\left(\frac{2}{x}\right)^2\right]dx=\pi\left(\frac{x^5}{80}+\frac{4}{x}\right)\Big|_2^4=\frac{57}{5}\pi$$

4.2 基础练习题

1. 利用牛顿-莱布尼兹公式计算下列积分.

(1) $\int_{-1}^{1}(x-1)^3\mathrm{d}x$；　　(2) $\int_0^5|1-x|\mathrm{d}x$；

(3) $\int_{-2}^{2}x\sqrt{x^2}\mathrm{d}x$；　　(4) $\int_1^{\sqrt{3}}\frac{2x^2+1}{x^2(1+x^2)}\mathrm{d}x$；

(5) $\int_0^{\pi}\sqrt{\sin x-\sin^3x}\mathrm{d}x$；　　(6) $\int_0^{\sqrt{\ln 2}}xe^{x^2}\mathrm{d}x$.

2. 求函数 $\varphi(x)=\int_1^x t\cos^2t\mathrm{d}t$ 在 $x=1,\frac{\pi}{2},\pi$ 处的导数.

3. 求下列积分.

(1) $\int_{-1}^{1}\frac{x}{\sqrt{5-4x}}\mathrm{d}x$；　　(2) $\int_1^2\frac{\sqrt{x^2-1}}{x}\mathrm{d}x$.

4. 用分部积分法计算下列积分.

(1) $\int_0^1x^3e^{x^2}\mathrm{d}x$；　　(2) $\int_{\frac{\pi}{4}}^{\frac{\pi}{3}}\frac{x}{\sin^2x}\mathrm{d}x$.

5. 设 $f(x)$在区间$[a,b]$连续，试证明$\int_a^bf(a+b-x)\mathrm{d}x=\int_a^bf(x)\mathrm{d}x$.

6. 求下列积分.

(1) $\int_0^{+\infty}xe^{-x}\mathrm{d}x$；　　(2) $\int_{\frac{2}{\pi}}^{+\infty}\frac{1}{x^2}\sin\frac{1}{x}\mathrm{d}x$；

(3) $\int_1^{e}\frac{1}{x\sqrt{1-\ln^2x}}\mathrm{d}x$；　　(4) $\int_2^{+\infty}\frac{1-\ln x}{x^2}\mathrm{d}x$.

7. 求曲线 $y=x^3$ 与直线 $x=-1,x=2,y=0$ 所围成图形的面积.

8. 已知由 $y=x^2,y=2x,y=3x$ 围成的平面图形.

(1) 求所围成图形的面积；

(2) 求绕 x 轴旋转一周旋转体体积.

4.3 同步提高自测题

4.3.1 同步提高自测题 A

一、选择题.

1. 下列不等式中正确的是(　　).

A. $\int_0^1x\mathrm{d}x\geqslant\int_0^1\mathrm{d}x$　　B. $\int_0^1\tan x^3\mathrm{d}x\geqslant\int_0^1\tan x^2\mathrm{d}x$

C. $\int_{\frac{1}{2}}^{1} \ln x \mathrm{d}x \geqslant \int_{\frac{1}{2}}^{1} x \mathrm{d}x$　　D. $\int_{0}^{1} \mathrm{e}^{x} \mathrm{d}x \geqslant \int_{0}^{1} \mathrm{d}x$

2. 若函数 $f(x)$ 满足 $f(x)=x+1-\frac{1}{2}\int_{0}^{1} f(x)\mathrm{d}x$，则 $f(x)=$(　　).

A. $\frac{1}{2}x+C$　　B. $x+\frac{1}{2}$　　C. $x+\frac{3}{2}$　　D. $\frac{1}{2}x$

3. 设$\int_{1}^{2} f(x)\mathrm{d}x=3, \int_{2}^{1} g(x)\mathrm{d}x=4$，则$\int_{1}^{2}[f(x)+2g(x)]\mathrm{d}x=$(　　).

A. -2　　B. 2　　C. 7　　D. 11

4. 下列广义积分收敛的是(　　).

A. $\int_{1}^{+\infty} \frac{1}{x}\mathrm{d}x$　　B. $\int_{1}^{+\infty} \frac{1}{x^{2}}\mathrm{d}x$

C. $\int_{1}^{+\infty} \frac{1}{\sqrt{x}}\mathrm{d}x$　　D. $\int_{1}^{+\infty} \frac{\ln x}{x}\mathrm{d}x$

5. $\frac{\mathrm{d}}{\mathrm{d}x}\int_{a}^{b} \arctan x \mathrm{d}x=$(　　).

A. $\arctan x$　　B. $\frac{1}{1+x^{2}}$

C. 0　　D. $\arctan b-\arctan a$

6. $\Phi(x)=\left(\int_{0}^{x^{2}} \sin t^{2} \mathrm{d}t\right)^{3}$，则 $\Phi'(x)=$(　　).

A. $2x\sin x^{4}$　　B. $3x^{2}\sin x^{4}$

C. $6x\sin x^{4}\left(\int_{0}^{x^{2}} \sin t^{2} \mathrm{d}t\right)^{2}$　　D. $6x\cos x^{4}\left(\int_{0}^{x^{2}} \sin t^{2} \mathrm{d}t\right)^{2}$

二、填空题.

1. $\int_{0}^{1} 2x \mathrm{d}x=$________.

2. $\int_{0}^{2\pi} \cos x \mathrm{d}x=$________.

3. 若$\int_{a}^{b} \frac{f(x)}{f(x)+g(x)}\mathrm{d}x=1$，则$\int_{a}^{b} \frac{g(x)}{f(x)+g(x)}\mathrm{d}x=$________.

4. $\int_{0}^{1} \frac{x}{\sqrt{1+x^{2}}}\mathrm{d}x=$________.

5. $\lim\limits_{x \to 0} \frac{\int_{0}^{x} \sin^{2} t \mathrm{d}t}{x^{3}}=$________.

三、综合题.

1. 如何表述定积分的几何意义？根据定积分的几何意义推证下列积分的值.

(1) $\int_{-1}^{1} x \mathrm{d}x$；　　(2) $\int_{-R}^{R} \sqrt{R^{2}-x^{2}}\mathrm{d}x$；

(3) $\int_0^{2\pi}\cos x\,dx$； (4) $\int_{-1}^{1}|x|\,dx$.

2. 利用定积分的估值公式，估计定积分$\int_{\frac{\pi}{4}}^{\frac{5\pi}{4}}(1+\sin^2 x)\,dx$ 的值.

3. 计算下列各定积分.

(1) $\int_{\frac{1}{\sqrt{3}}}^{\sqrt{3}}\frac{1}{1+x^2}dx$； (2) $\int_{-\frac{1}{2}}^{\frac{1}{2}}\frac{1}{\sqrt{1-x^2}}dx$；

(3) $\int_0^{\sqrt{3a}}\frac{1}{a^2+x^2}dx$； (4) $\int_0^1 a^x e^x\,dx$；

(5) $\int_{-1}^{0}\frac{3x^4+3x^2+1}{1+x^2}dx$； (6) $\int_{-e-1}^{-2}\frac{1}{1+x}dx$；

(7) $\int_0^3|2-x|\,dx$； (8) $\int_{-\frac{\pi}{2}}^{\frac{\pi}{2}}|\sin x|\,dx$；

(9) $\int_{-\frac{\pi}{2}}^{\frac{\pi}{2}}\sin^2\frac{x}{2}dx$； (10) $\int_1^e\frac{1+\ln x}{x}dx$；

(11) $\int_1^e x\ln x\,dx$； (12) $\int_0^{\frac{2\pi}{\omega}}t\sin\omega t\,dt$（$\omega$ 为常数).

4. 求下列广义积分.

(1) $\int_0^{+\infty}x e^{-x}\,dx$； (2) $\int_{\frac{2}{\pi}}^{+\infty}\frac{1}{x^2}\sin\frac{1}{x}dx$；

(3) $\int_0^1\frac{x\,dx}{\sqrt{1-x^2}}$； (4) $\int_a^{2a}\frac{dx}{(x-a)^{\frac{3}{2}}}$.

5. 求由曲线 $y=\frac{1}{x}$ 与直线 $y=x$，$x=2$ 所围成的平面图形的面积.

6. 求由曲线 $y=e^x$，$y=e^{-x}$ 与直线 $x=1$ 所围成的平面图形的面积.

4.3.2 同步提高自测题 B

一、选择题.

1. 下列积分值不为 0 的是(　　).

A. $\int_{-1}^{1}\frac{x}{1+x^2}dx$ B. $\int_{-\frac{\pi}{2}}^{\frac{\pi}{2}}x^2\tan x\,dx$

C. $\int_{-\pi}^{\pi}\sin x\cos x\,dx$ D. $\int_{-1}^{1}|x|\,dx$

2. 设 $f'(x)$连续，则变上限积分$\int_a^x f(t)\,dt$ 是(　　).

A. $f'(x)$的一个原函数 B. $f'(x)$的全体原函数

C. $f(x)$的一个原函数 D. $f(x)$的全体原函数

3. 设函数 $f(x)=\int_0^x(t-1)\mathrm{d}t$，则函数 $f(x)$ 有(　　).

A. 极小值$\frac{1}{2}$　　B. 极小值$-\frac{1}{2}$

C. 极大值$\frac{1}{2}$　　D. 极大值$-\frac{1}{2}$

4. $\int_1^0 f'(3x)\mathrm{d}x=$(　　).

A. $\frac{1}{3}[f(0)-f(3)]$　　B. $f(0)-f(3)$

C. $f(3)-f(0)$　　D. $\frac{1}{3}[f(3)-f(0)]$

5. $\int_0^5|2x-4|\mathrm{d}x=$(　　).

A. 11　　B. 12　　C. 13　　D. 14

6. 设 $I=\int_0^a x^3f(x^2)\mathrm{d}x\ (a>0)$，则(　　).

A. $I=\int_0^{a^2}xf(x)\mathrm{d}x$　　B. $I=\int_0^a xf(x)\mathrm{d}x$

C. $I=\frac{1}{2}\int_0^{a^2}xf(x)\mathrm{d}x$　　D. $I=\frac{1}{2}\int_0^a xf(x)\mathrm{d}x$

二、填空题.

1. 若 $f(x)$在$[a,b]$上连续，且$\int_a^b f(x)\mathrm{d}x=0$，则$\int_a^b[f(x)+1]\mathrm{d}x=$________.

2. $\int_{-\pi}^{\pi}x^3\sin^2x\mathrm{d}x=$________.

3. $\int_0^{\pi}x\sin x\mathrm{d}x=$________.

4. 设 $f(x)$ 为连续函数，则$\int_{-a}^{a}x^2[f(x)-f(-x)]\mathrm{d}x=$________.

5. 设$\int_{-1}^{1}3f(x)\mathrm{d}x=18$，$\int_{-1}^{3}f(x)\mathrm{d}x=4$，则$\int_{-1}^{1}f(x)\mathrm{d}x=$________，$\int_1^3 f(x)\mathrm{d}x=$________.

三、综合题.

1. 用定积分的定义计算积分$\int_a^b x\mathrm{d}x$.

2. 求函数 $f(x)=\sqrt{1-x^2}$ 在闭区间$[-1,1]$的平均值.

3. 计算下列各定积分.

(1) $\int_0^1\frac{1}{\sqrt{4-x^2}}\mathrm{d}x$；　　(2) $\int_0^{\frac{\pi}{4}}\tan^2\theta\mathrm{d}\theta$；

(3) $\int_0^{\pi}\sin^3 x\cos^2 x\,dx$;

(4) $\int_{-1}^{1}\frac{x\,dx}{\sqrt{5-4x}}$;

(5) $\int_0^{\sqrt{2}}\sqrt{2-x^2}\,dx$;

(6) $\int_1^{\sqrt{3}}\frac{1}{x^2\sqrt{1+x^2}}\,dx$;

(7) $\int_0^{\frac{\sqrt{2}}{2}}\arccos x\,dx$;

(8) $\int_{\frac{1}{e}}^{e}|\ln x|\,dx$;

(9) $\int_{-\frac{1}{2}}^{\frac{1}{2}}\frac{x\arcsin x}{\sqrt{1-x^2}}\,dx$;

(10) $\int_0^1\frac{\arcsin\sqrt{x}}{\sqrt{x(1-x)}}\,dx$.

4. 求下列极限.

(1) $\lim\limits_{x\to 0}\frac{\int_0^x\cos t^2\,dt}{x^2}$;

(2) $\lim\limits_{x\to 0}\frac{\left(\int_0^x e^{t^2}\,dt\right)^2}{\int_0^x t e^{2t^2}\,dt}$.

5. 设函数 $f(x)=\begin{cases}\sqrt{2x-x^2} & x\geqslant 0\\ x e^{-x} & x<0\end{cases}$，求$\int_{-2}^{2}f(x-1)\,dx$.

6. 求由曲线 $y=x^2$，$x+y=2$ 与 x 轴所围成的图形绕 x 轴旋转而成的旋转体的体积.

7. 设 $f''(x)$ 在区间 $[a,b]$ 连续，求证：$\int_a^b xf''(x)\,dx=[bf'(b)-f(b)]-[af'(a)-f(a)]$.

第 5 章　常微分方程

知识框架

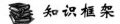

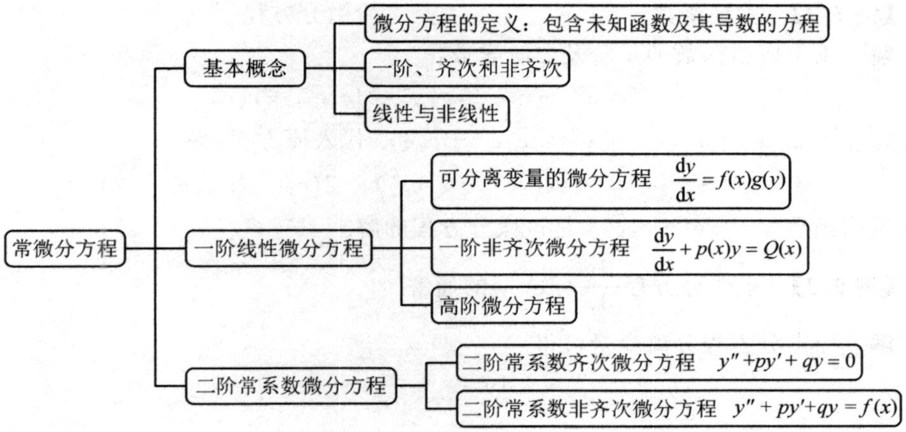

5.1　典型例题

【例 5.1】 设质量为 m 的质点，只受重力的作用而自由下落，其运动规律记为 $s=s(t)$，运动速度 $v=\frac{ds}{dt}$，且

$$s\big|_{t=0}=s_0,\quad v\big|_{t=0}=v_0$$

求运动规律 $s=s(t)$.

解　由二阶导数的物理意义，知

$$m\frac{d^2s}{dt^2}=mg$$

即

$$\frac{d^2s}{dt^2}=g$$

亦即

$$\frac{dv}{dt}=g$$

积分后得

$$v=gt+c_1$$

即

$$\frac{ds}{dt}=gt+c_1$$

再积分,得 $$s=\frac{1}{2}gt^2+c_1t+c_2$$

于是有 $$s=\frac{1}{2}gt^2+v_0t+s_0$$

此即所求运动方程,若 $v_0=0,s_0=0$,则原式变为 $s=\frac{1}{2}gt^2$,这就是初始速度为零,并从 S 轴原点处下落的自由落体运动规律.

【例 5.2】 验证函数 $y=c_1e^{2x}+c_2e^{-x}$ 是二阶微分方程 $y''-y'-2y=0$ 的通解.

解 求出所给函数的一阶及二阶导数:

$$y'=2c_1e^{2x}-c_2e^{-x},\quad y''=4c_1e^{2x}+c_2e^{-x}$$

将 $y'=2c_1e^{2x}-c_2e^{-x}$ 与 $y''=4c_1e^{2x}+c_2e^{-x}$ 代入原方程,得

$$(4c_1e^{2x}+c_2e^{-x})-(2c_1e^{2x}-c_2e^{-x})-2(c_1e^{2x}+c_2e^{-x})=0$$

由此说明函数 $y=c_1e^{x}+c_2e^{-x}$ 是该微分方程的解.

【例 5.3】 求微分方程 $\frac{dy}{dx}=e^{2x}y$ 的通解.

解 原微分方程分离变量可得

$$\frac{dy}{y}=e^{2x}dx$$

该方程两边同时积分:

$$\int\frac{dy}{y}=\int e^{2x}dx$$

得 $$\ln|y|=\frac{1}{2}e^{2x}+c_1$$

即 $$y=e^{\frac{1}{2}e^{2x}+c_1}=e^{\frac{1}{2}e^{2x}}e^{c_1}$$

令 $c=e^{c_1}$,最后可得原方程的通解为 $y=ce^{\frac{1}{2}e^{2x}}$.

【例 5.4】 求微分方程 $\frac{dy}{dx}=(y^2+1)\sin x$ 的通解.

解 原微分方程分离变量可得

$$\frac{dy}{y^2+1}=\sin x\,dx$$

该方程两边同时积分:

$$\int\frac{dy}{y^2+1}=\int\sin x\,dx$$

得 $$y=\tan(c-\cos x)$$

【例 5.5】 求微分方程 $xy'-y=0$ 在 $y|_{x=1}=2$ 时的特解.

解 由原微分方程有

$$x\frac{\mathrm{d}y}{\mathrm{d}x}=y$$

即
$$\frac{\mathrm{d}y}{y}=\frac{\mathrm{d}x}{x}$$

上述方程两边同时积分可得

$$\ln y=\ln x+c_1$$

进一步变形可得$\frac{y}{x}=c$，即 $y=cx$.

将初始条件 $y|_{x=1}=2$ 代入方程 $y=cx$ 中，解得 $c=2$，因此原方程的特解为 $y=2x$.

【例 5.6】 求微分方程 $y'=\frac{y}{x}+\tan\frac{y}{x}$的通解.

解 该微分方程为齐次方程，令$\frac{y}{x}=u$，则 $y=xu$. 将$\frac{\mathrm{d}y}{\mathrm{d}x}=u+x\frac{\mathrm{d}u}{\mathrm{d}x}$代入原方程，$u+x\frac{\mathrm{d}u}{\mathrm{d}x}=u+\tan u$ 化简可得

$$\frac{\mathrm{d}u}{\tan u}=\frac{\mathrm{d}x}{x}$$

即
$$\ln|\sin u|=\ln|x|+c_1$$

亦即 $\sin u=cx$，$u=\arcsin cx$，因此原方程的通解为

$$y=x\arcsin cx$$

【例 5.7】 求微分方程 $y'=\frac{y^2}{xy-2x^2}$的通解.

解 原微分方程可以变形为

$$\frac{\mathrm{d}x}{\mathrm{d}y}=\frac{x}{y}-2\left(\frac{x}{y}\right)^2$$

令$\frac{x}{y}=u$，则将$\frac{\mathrm{d}x}{\mathrm{d}y}=u+y\frac{\mathrm{d}u}{\mathrm{d}y}$代入微分方程有

$$u+y\frac{\mathrm{d}u}{\mathrm{d}y}=u-2u^2$$

化简可得$\frac{\mathrm{d}u}{u^2}=-2\frac{\mathrm{d}y}{y}$，其两边同时积分可得

$$\frac{1}{u}+c_1=2\ln|y|$$

即 $y^2=c\mathrm{e}^{\frac{1}{u}}$，故原方程的解为 $y^2=c\mathrm{e}^{\frac{y}{x}}$.

【例 5.8】 求微分方程$\frac{\mathrm{d}y}{\mathrm{d}x}+\frac{1}{x^2}y=0$ 的通解.

解 原方程为一阶线性齐次微分方程,且 $p(x)=\dfrac{1}{x^2}$,根据通解公式得

$$y=Ce^{-\int p(x)\mathrm{d}x}=Ce^{-\int \frac{1}{x^2}\mathrm{d}x}=Ce^{\frac{1}{x}}$$

【例 5.9】 求微分方程 $y'-3y=x$ 的通解.

解 原方程为一阶线性非齐次微分方程,且 $p(x)=-3$,$f(x)=x$,根据通解公式得

$$y=e^{-\int p(x)\mathrm{d}x}\left[\int f(x)e^{\int p(x)\mathrm{d}x}\mathrm{d}x+C\right]=e^{\int 3\mathrm{d}x}\left[\int xe^{\int(-3)\mathrm{d}x}\mathrm{d}x+C\right]$$

$$y=e^{3x}\left(\int xe^{-3x}\mathrm{d}x+C\right)=e^{3x}\left[-\frac{1}{3}\left(xe^{-3x}-\int e^{-3x}\mathrm{d}x\right)+C\right]$$

$$y=-\frac{1}{3}x-\frac{1}{9}+Ce^{3x}$$

【例 5.10】 求微分方程 $y'+\dfrac{1}{x}y=\dfrac{\sin x}{x}$ 的通解.

解 原方程为一阶线性非齐次微分方程,且 $p(x)=\dfrac{1}{x}$,$f(x)=\dfrac{\sin x}{x}$,根据通解公式得

$$y=e^{-\int p(x)\mathrm{d}x}\left[\int f(x)e^{\int p(x)\mathrm{d}x}\mathrm{d}x+C\right]=e^{-\int \frac{1}{x}\mathrm{d}x}\left(\int \frac{\sin x}{x}e^{\int \frac{1}{x}\mathrm{d}x}\mathrm{d}x+C\right)$$

$$=e^{-\ln|x|}\left(\int \frac{\sin x}{x}e^{\ln|x|}\mathrm{d}x+C\right)$$

$$=\frac{1}{x}\left(\int \sin x\mathrm{d}x+C\right)=-\frac{1}{x}\cos x+\frac{C}{x}$$

【例 5.11】 求微分方程 $y'+\dfrac{1}{x}y=\dfrac{2}{x^3}$ 满足 $y(1)=2$ 时的特解.

解 原方程为一阶线性非齐次微分方程,且 $p(x)=\dfrac{1}{x}$,$f(x)=\dfrac{2}{x^3}$,根据通解公式得

$$y=e^{-\int p(x)\mathrm{d}x}\left[\int f(x)e^{\int p(x)\mathrm{d}x}\mathrm{d}x+C\right]=e^{-\int \frac{1}{x}\mathrm{d}x}\left(\int \frac{2}{x^3}e^{\int \frac{1}{x}\mathrm{d}x}\mathrm{d}x+C\right)$$

$$=\frac{1}{x}\left(\int \frac{2}{x^3}e^{\ln|x|}\mathrm{d}x+C\right)$$

$$=\frac{1}{x}\left(\int \frac{2}{x^2}\mathrm{d}x+C\right)$$

$$=-\frac{2}{x^2}+\frac{C}{x}$$

将 $y(1)=2$ 代入其中,可得 $C=4$,即特解为

$$y=-\frac{2}{x^2}+\frac{4}{x}$$

【例 5.12】 求微分方程 $y''=e^{3x}$ 的通解.

解　原微分方程两边同时对 x 积分,有

$$y'=\int y''dx=\int e^{3x}dx=\frac{1}{3}e^{3x}+C_1$$

上述方程两边同时再对 x 积分,有

$$y=\int y'dx=\int\left(\frac{1}{3}e^{3x}+C_1\right)dx$$

因此原微分方程的通解为

$$y=\frac{1}{9}e^{3x}+C_1x+C_2$$

【例 5.13】 求微分方程 $y''-\frac{2}{x}y'=x^2$ 的通解.

解　令 $y'=p$,则 $y''=p'$,原方程化为一阶线性非齐次方程:

$$p'-\frac{2}{x}p=x^2$$

将公式 $p=e^{-\int q(x)dx}\left[C+\int f(x)e^{\int q(x)dx}dx\right]$,其中 $q(x)=-\frac{2}{x}$,$f(x)=x^2$ 代入,即得

$$p=e^{\int\frac{2}{x}dx}\left(\int x^2e^{-\int\frac{2}{x}dx}dx+C_1\right)=e^{\ln x^2}\left(\int x^2e^{-\int\frac{2}{x}dx}dx+C_1\right)$$

即

$$p=x^2(x+C_1)$$

因此 $y'=x^3+C_1x^2$,两边同时积分可得原方程的通解为

$$y=\int(x^3+C_1x^2)dx=\frac{1}{4}x^4+\frac{1}{3}C_1x^3+C_2$$

【例 5.14】 求微分方程 $y''+6y'+5y=0$ 的通解.

解　该方程为二阶常系数线性齐次微分方程,其特征方程为 $r^2+6r+5=0$,特征根为$r_1=-1$,$r_2=-5$,因此原方程的通解为

$$y=C_1e^{-x}+C_2e^{-5x}$$

【例 5.15】 求微分方程 $y''+y'=0$ 的通解.

解　该方程为二阶常系数线性齐次微分方程,其特征方程为 $r^2+r=0$,特征根为 $r_1=0$,$r_2=-1$,因此原方程的通解为

$$y=C_1+C_2e^{-x}$$

【例 5.16】 求微分方程 $y''+2y=0$ 的通解.

解　该方程为二阶常系数线性齐次微分方程,其特征方程为 $r^2+2=0$,特征根为 $r_1=-\sqrt{2}i$,$r_2=\sqrt{2}i$,因此原方程的通解为

$$y=C_1\cos\sqrt{2}x+C_2\sin\sqrt{2}x$$

【例5.17】 求微分方程 $y''+4y'-5y=0,y|_{x=0}=0,y'|_{x=0}=3$ 的特解.

解 该方程为二阶常系数线性齐次微分方程,其特征方程为 $r^2+4r-5=0$,特征根为$r_1=-5,r_2=1$,因此原方程的通解为

$$y=C_1e^{-5x}+C_2e^x$$

由于

$$y|_{x=0}=(C_1e^{-5x}+C_2e^x)|_{x=0}=C_1+C_2=0$$

$$y'|_{x=0}=(-5C_1e^{-5x}+C_2e^x)|_{x=0}=-5C_1+C_2=3$$

解得

$$C_1=-\frac{1}{2},\quad C_2=\frac{1}{2}$$

因此特解为

$$y=-\frac{1}{2}e^{-5x}+\frac{1}{2}e^x$$

【例5.18】 求微分方程 $4y''+4y'+y=0,y|_{x=0}=2,y'|_{x=0}=1$ 的特解.

解 该方程为二阶常系数线性齐次微分方程,其特征方程为 $4r^2+4r+1=0$,特征根为$r=-\frac{1}{2}$(二重),因此原方程的通解为

$$y=C_1+C_2xe^{-\frac{1}{2}x}$$

由于

$$y|_{x=0}=\left(C_1+C_2xe^{-\frac{1}{2}x}\right)\Big|_{x=0}=C_1=2$$

$$y'|_{x=0}=\left(C_2e^{-\frac{1}{2}x}-\frac{1}{2}C_2xe^{-\frac{1}{2}x}\right)\Big|_{x=0}=C_2=1$$

因此特解为

$$y=2+xe^{-\frac{1}{2}x}$$

【例5.19】 求微分方程 $y''+4y'+3y=3x^2+2x$ 的特解.

解 该方程为二阶常系数线性非齐次微分方程,其特征方程为 $r^2+4r+3=0$,特征根为 $r_1=-1,r_2=-3$,又因为 $\lambda=0$ 不是特征方程的特征根,设其特解为 $\bar{y}=Ax^2+Bx+C$,则$\bar{y}'=2Ax+B,\bar{y}''=2A$,将其代入原方程有

$$2A+4(2Ax+B)+3(Ax^2+Bx+C)=3x^2+2x$$

即

$$\begin{cases}3A=3\\8A+3B=2\\2A+4B+3C=0\end{cases}$$

解得

$$A=1,\quad B=-2,\quad C=2$$

因此,所求原方程的一个特解为

$$\bar{y}=x^2-2x+2$$

【例 5.20】 求微分方程 $y''-5y'+4y=2xe^x$ 的特解.

解 该方程为二阶常系数线性非齐次微分方程,其特征方程为 $r^2-5r+4=0$,特征根为 $r_1=1,r_2=4$,又因为 $\lambda=1$ 是特征方程的单根,设其特解为 $\bar{y}=x(Ax+B)e^x$,则

$$\bar{y}'=(Ax^2+Bx)e^x+(2Ax+B)e^x$$
$$\bar{y}''=2Ae^x+2(Ax+B)e^x+(Ax^2+Bx)e^x$$

将 $\bar{y}'$ 与 $\bar{y}''$ 代入原方程,有

$$\begin{cases}4A-10A=2\\2A+2B-5B=0\end{cases}$$

解得

$$A=-\frac{1}{3},\quad B=-\frac{2}{9}$$

因此,所求原方程的一个特解为

$$\bar{y}=x\left(-\frac{1}{3}x-\frac{2}{9}\right)e^x$$

【例 5.21】 求微分方程 $y''-y'-2y=2\cos x$ 的特解.

解 该方程为二阶常系数线性非齐次微分方程,其特征方程为 $r^2-r-2=0$,特征根为 $r_1=2,r_2=-1$,又因为 $\lambda=0$,所以设其特解为 $\bar{y}=A\sin x+B\cos x$,因此

$$\bar{y}'=A\cos x-B\sin x$$
$$\bar{y}''=-A\sin x-B\cos x$$

将 $\bar{y}'$ 与 $\bar{y}''$ 代入原方程,有

$$\begin{cases}-3A+B=0\\-3B-A=2\end{cases}$$

解得

$$A=-\frac{1}{5},\quad B=-\frac{3}{5}$$

因此,所求原方程的一个特解为

$$y=-\frac{1}{5}\sin x-\frac{3}{5}\cos x$$

【例 5.22】 求微分方程 $y''-y'-6y=xe^x$ 在满足条件 $y|_{x=0}=0,y'|_{x=0}=0$ 下的特解.

解 该方程为二阶常系数线性非齐次微分方程,其特征方程为 $r^2-r-6=0$,特征根为 $r_1=3,r_2=-2$,因此其齐次的通解为 $y^*=C_1e^{3x}+C_2e^{-2x}$,又因为 $\lambda=1$,所以设其特解为 $\bar{y}=(Ax+B)e^x$,则

$$\bar{y}'=(Ax+B)e^x+Ae^x$$
$$\bar{y}''=(Ax+B)e^x+2Ae^x$$

将 $\bar{y}'$ 与 $\bar{y}''$ 代入原方程,有

$$\begin{cases} -6A=1 \\ A-6B=0 \end{cases}$$

解得

$$A=-\frac{1}{6}, \quad B=-\frac{1}{36}$$

因此,非齐次通解为

$$y=C_1e^{3x}+C_2e^{-2x}+\left(-\frac{1}{6}x-\frac{1}{36}\right)e^x$$

又因为

$$y|_{x=0}=C_1+C_2-\frac{1}{36}=0$$

$$y'|_{x=0}=3C_1-2C_2-\frac{1}{6}-\frac{1}{36}=0$$

解得

$$C_1=\frac{1}{20}, \quad C_2=-\frac{1}{45}$$

所以其特解为

$$y=\frac{1}{20}e^{3x}-\frac{1}{45}e^{-2x}+\left(-\frac{1}{6}x-\frac{1}{36}\right)e^x$$

5.2 基础练习题

1. 求下列微分方程的解.

(1) $x^2dy+ydx=0$;　　(2) $e^{-x}dy+\frac{1}{y}dx=0$;

(3) $\frac{dy}{dx}=e^{3x}$;　　(4) $\frac{dy}{dx}=\sin x+x^2$.

2. 求下列微分方程的解.

(1) $x\frac{dy}{dx}=y+x^2$;　　(2) $\frac{dy}{dx}+\frac{1}{x}y=2$;

(3) $y'+y\sin x=\sin x$;　　(4) $y'+\frac{1}{x}y=e^x$.

3. 求下列微分方程的解.

(1) $\frac{d^2y}{dx^2}=\sin x$;　　(2) $\frac{d^2y}{dx^2}+\frac{dy}{dx}=x$;

(3) $\frac{d^2y}{dx^2}=e^x+x$;　　(4) $yy''-(y')^2-y'=0$.

4. 求下列微分方程的解.

(1) $y''+6y'-7y=0$；　(2) $y''-4y=0$；

(3) $y''+4y'+5y=0$；　(4) $y''+4y=0$.

5. 求下列微分方程的解.

(1) $y''+2y'-3y=xe^{-x}$；　(2) $y''-4y=e^{2x}$；

(3) $y''+4y'+5y=e^{2x}\sin x$；　(4) $y''+5y'+4y=x^2$.

6. 求下列微分方程满足初始条件的特解.

(1) $y''+2y'-3y=0$ ，$y|_{x=0}=0, y'|_{x=0}=6$；

(2) $y''-4y=0$ ，$y|_{x=0}=0, y'|_{x=0}=10$.

5.3　同步提高自测题

5.3.1　同步提高自测题 A

一、填空题.

1. 形如________的方程，称为变量分离方程，这里的 $f(x)$，$\varphi(y)$分别为 x、y 的连续函数.

2. 微分方程 $y''+3y'-10y=0$ 的通解为________.

3. 微分方程 $2y''+3y'=3x^2+2x$ 的特解应设为________.

4. 若 $y=y_1(x)$，$y=y_2(x)$是一阶线性非齐次方程的两个不同解，则用这两个解可把其通解表示为________.

二、选择题.

1. 微分方程 $xy'''+(y')^2-y^4y'=0$ 的阶数是(　　).

A. 2　B. 3　C. 4　D. 5

2. 微分方程 $y'=3y^{\frac{2}{3}}$ 的一个特解是(　　).

A. $y=x^2+1$　B. $y=(x+2)^3$

C. $y=(x+C)^2$　D. $y=C(x+1)^2$

3. 微分方程 $\dfrac{d^2y}{dx^2}+w^2y=0$ 的通解是(　　)，其中 C、C_1、C_2 均为任意常数.

A. $y=C\cos wx$　B. $y=C\sin wx$

C. $y=C_1\cos wx+C_2\sin wx$　D. $y=C\cos wx+C\sin wx$

三、综合题.

1. 求下列微分方程的通解.

(1) $y'=y\sin x$；　(2) $xy'-y\ln y=0$；　(3) $y'-3xy=3x$；

(4) $y'''=3x$；　(5) $y'=\dfrac{2xy}{x^2+1}$；　(6) $yy''-2y'^2=0$.

2. 求下列微分方程的特解.

(1) $(x^2-1)y'+2xy^2=0$, $y|_{x=0}=1$;

(2) $x(1+y^2)dx=y(1+x^2)dy$, $y|_{x=1}=1$.

3. 求下列微分方程的通解.

(1) $y''-y=0$; (2) $y''-2y'-3y=0$; (3) $2y''-3y'-2y=xe^{-2x}$.

4. 求下列微分方程的特解.

(1) $y''-4y'+13y=0$, $y|_{x=0}=2$, $y'|_{x=0}=3$;

(2) $y''-3y'+2y=5$, $y|_{x=0}=6$, $y'|_{x=0}=2$.

5.3.2 同步提高自测题 B

一、填空题.

1. 形如 $y'=P(x)y+Q(x)$ ($P(x)$,$Q(x)$连续)的方程是________________方程,它的通解为________________.

2. 形如 $y''=2y$ 的方程是________阶________(“齐次”还是”非齐次”)________系数的微分方程,它的特征方程为________.

3. 微分方程 $y^2dx+(x+1)dy=0$ 满足初始条件:$x=0$,$y=1$ 的特解________.

4. 微分方程 $y''+3y'-4y=e^x\sin x$ 的特解应设为________.

二、选择题.

1. 下列方程中(　　)是常微分方程.

A. $x^2+y^2=a^2$ B. $y+\dfrac{d}{dx}(e^{\arctan x})=0$

C. $\dfrac{\partial^2 a}{\partial x^2}+\dfrac{\partial^2 a}{\partial y^2}=0$ D. $y''=x^2+y^2$

2. 微分方程 $\begin{cases}xy'-y=3\\ y|_{x=1}=0\end{cases}$ 的解是(　　).

A. $y=3(1-\dfrac{1}{x})$ B. $y=3(1-x)$

C. $y=1-\dfrac{1}{x}$ D. $y=3(x-1)$

3. 已知函数 $y_1=e^{x^2+\frac{1}{x^2}}$,$y_2=e^{x^2-\frac{1}{x^2}}$,$y_3=e^{\left(x-\frac{1}{x}\right)^2}$,则(　　).

A. 仅 y_1 与 y_2 线性相关 B. 仅 y_2 与 y_3 线性相关

C. 仅 y_1 与 y_3 线性相关 D. 它们两两线性相关

三、综合题.

1. 求下列微分方程的通解.

(1) $\dfrac{dy}{dx}=\dfrac{xy}{x^2-y^2}$; (2) $y'=\dfrac{y}{\ln y-2x}$;

(3) $y'+y\cos x=0$; (4) $y''=y'+x$;

(5) $y''=e^{2x}+\cos x$；　　(6) $y''=-(y')^3$.

2. 求下列微分方程的特解.

(1) $y'-y\tan x=\sec x, y(0)=0$；

(2) $y'+\dfrac{y}{x}=\dfrac{\sin x}{x}$，$y|_{x=0}=1$.

3. 求下列微分方程的通解.

(1) $y''+2y'+10y=0$；　　(2) $y''+4y=\cos 2x$；

(3) $x''+6x'+8x=e^{-2y}$.

4. 求下列微分方程的特解.

(1) $y''-4y'+3y=0$，$y|_{x=0}=6$，$y'|_{x=0}=10$；

(2) $y''+25y=0$，$y|_{x=0}=2$，$y'|_{x=0}=5$.

5. 设可导函数 $\varphi(x)$ 满足方程 $\varphi(x)\cos x+2\int_0^x \varphi(t)\sin t\,dt=x+1$，试求 $\varphi(x)$.

第 6 章　无穷级数

知识框架

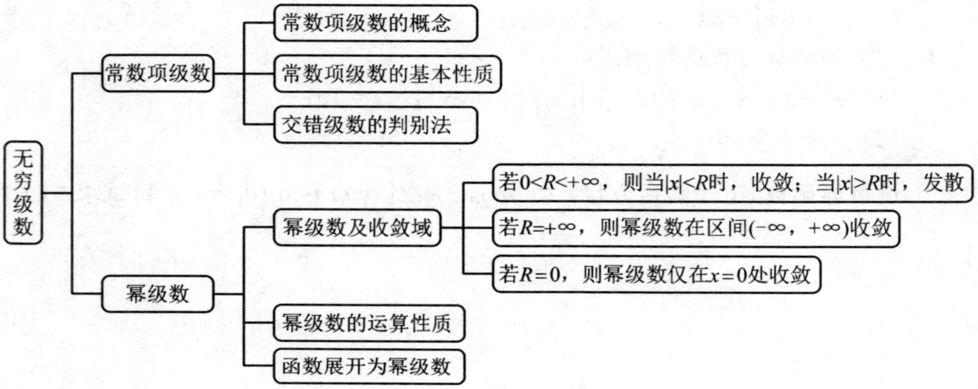

6.1　典型例题

【例 6.1】 讨论下列级数的敛散性.

(1) $\sum\limits_{n=1}^{\infty}\dfrac{2n+1}{3n-1}$；　　　(2) $\sum\limits_{n=1}^{\infty}\left(1+\dfrac{1}{n}\right)^{2n}$.

解　(1) 因为 $u_n=\dfrac{2n+1}{3n-1}$,$\lim\limits_{n\to\infty}u_n=\lim\limits_{n\to\infty}\dfrac{2n+1}{3n-1}=\lim\limits_{n\to\infty}\dfrac{2n+1}{3n-1}=\dfrac{2}{3}\neq 0$,不满足收敛的必要条件,所以级数发散.

(2) 因为 $u_n=\left(1+\dfrac{1}{n}\right)^{2n}$,$\lim\limits_{n\to\infty}u_n=\lim\limits_{n\to\infty}\left(1+\dfrac{1}{n}\right)^{2n}=\lim\limits_{n\to\infty}\left[\left(1+\dfrac{1}{n}\right)^{n}\right]^{2}=\mathrm{e}^2\neq 0$,不满足收敛的必要条件,所以级数发散.

【例 6.2】 证明调和级数 $\sum\limits_{n=1}^{\infty}\dfrac{1}{n}$ 发散.

证明　假设级数收敛于 S,于是$\lim\limits_{n\to\infty}(S_{2n}-S_n)=S-S=0$,而

$$S_{2n}-S_n=\frac{1}{n+1}+\frac{1}{n+2}+\cdots+\frac{1}{2n}\geqslant\frac{1}{n+n}+\frac{1}{n+n}+\cdots+\frac{1}{2n}$$
$$=\frac{n}{2n}=\frac{1}{2}$$

那么，$0=\lim\limits_{n\to\infty}(S_{2n}-S_n)\geqslant\frac{1}{2}$，矛盾，故调和级数$\sum\limits_{n=1}^{\infty}\frac{1}{n}$发散.

【例 6.3】　讨论级数$\frac{1}{2\times4}+\frac{1}{4\times6}+\frac{1}{6\times8}+\cdots+\frac{1}{2n\times(2n+2)}+\cdots$是否收敛.

解　因$\frac{1}{2n\times(2n+2)}=\frac{1}{2}\left(\frac{1}{2n}-\frac{1}{2n+2}\right)$，则

$$
\begin{aligned}
S_n&=\frac{1}{2\times4}+\frac{1}{4\times6}+\frac{1}{6\times8}+\cdots+\frac{1}{2n\times(2n+2)}+\cdots\\
&=\frac{1}{2}\left(\frac{1}{2}-\frac{1}{4}\right)+\frac{1}{2}\left(\frac{1}{4}-\frac{1}{6}\right)+\cdots+\frac{1}{2}\left(\frac{1}{2n}-\frac{1}{2n+2}\right)+\cdots\\
&=\frac{1}{2}\left(\frac{1}{2}-\frac{1}{4}+\frac{1}{4}-\frac{1}{6}+\cdots+\frac{1}{2n}-\frac{1}{2n+2}+\cdots\right)\\
&=\frac{1}{2}\left(\frac{1}{2}-\frac{1}{2n+2}\right)
\end{aligned}
$$

因为$\lim\limits_{n\to\infty}S_n=\lim\limits_{n\to\infty}\frac{1}{2}\left(\frac{1}{2}-\frac{1}{2n+2}\right)=\frac{1}{4}$，所以级数收敛于$\frac{1}{4}$.

【例 6.4】　讨论级数$\sum\limits_{n=1}^{\infty}(\sqrt{n+1}-\sqrt{n})$是否收敛.

解

$$
\begin{aligned}
S_n&=\sum_{n=1}^{\infty}(\sqrt{n+1}-\sqrt{n})=(\sqrt{2}-1)+(\sqrt{3}-\sqrt{2})+\cdots+(\sqrt{n+1}-\sqrt{n})\\
&=\sqrt{n+1}-1
\end{aligned}
$$

因为$\lim\limits_{n\to\infty}S_n=\lim\limits_{n\to\infty}(\sqrt{n+1}-1)=\infty$，所以级数发散.

【例 6.5】　判定正项级数$\sum\limits_{n=1}^{\infty}\frac{\sin^2\frac{n\pi}{5}}{4^n}$的敛散性.

解　因为$\frac{\sin^2\frac{n\pi}{5}}{4^n}<\frac{1}{4^n}$，而级数$\sum\limits_{n=1}^{\infty}\frac{1}{4^n}$收敛，所以由比较判别法知级数$\sum\limits_{n=1}^{\infty}\frac{\sin^2\frac{n\pi}{5}}{4^n}$收敛.

【例 6.6】　判定正项级数$\sum\limits_{n=1}^{\infty}\frac{1}{\sqrt{n(n+1)}}$的敛散性.

解　因为$\frac{1}{\sqrt{n(n+1)}}>\frac{1}{n+1}$，而级数$\sum\limits_{n=1}^{\infty}\frac{1}{n+1}=\frac{1}{2}+\frac{1}{3}+\cdots+\frac{1}{n+1}+\cdots$

是发散的,所以根据比较判别法可知级数 $\sum_{n=1}^{\infty} \frac{1}{\sqrt{n(n+1)}}$ 也是发散的.

【例 6.7】 判定正项级数 $\sum_{n=1}^{\infty} \frac{n+1}{2n^3-n^2-1}$ 的敛散性.

解 因为 $\lim_{n\to\infty} \frac{\left(\frac{n+1}{2n^3-n^2-1}\right)}{\left(\frac{1}{n^2}\right)}=\frac{1}{2}$,所以级数 $\sum_{n=1}^{\infty} \frac{n+1}{2n^3-n^2-1}$ 与 $\sum_{n=1}^{\infty} \frac{1}{n^2}$ 具有相同的敛散性,而级数 $\sum_{n=1}^{\infty} \frac{1}{n^2}$ 是收敛的,因此级数 $\sum_{n=1}^{\infty} \frac{n+1}{2n^3-n^2-1}$ 收敛.

【例 6.8】 判定正项级数 $\sum_{n=1}^{\infty} \sin\frac{1}{n}$ 的敛散性.

解 因为 $\lim_{n\to\infty} \frac{\sin\frac{1}{n}}{\frac{1}{n}}=1$,所以级数 $\sum_{n=1}^{\infty} \sin\frac{1}{n}$ 与 $\sum_{n=1}^{\infty} \frac{1}{n}$ 具有相同的敛散性,而级数 $\sum_{n=1}^{\infty} \frac{1}{n}$ 是发散的,因此,级数 $\sum_{n=1}^{\infty} \sin\frac{1}{n}$ 发散.

【例 6.9】 讨论级数 $\sum_{n=1}^{\infty} \frac{4^{n+1}+3\cdot 2^n}{5^n}$ 的敛散性.

解 因为 $\sum_{n=1}^{\infty} \frac{4^{n+1}+3\cdot 2^n}{5^n}=\sum_{n=1}^{\infty}\left(\frac{4^{n+1}}{5^n}+3\cdot\frac{2^n}{5^n}\right)$,$u_n=\frac{4^{n+1}}{5^n}$,$\lim_{n\to\infty}\frac{u_{n+1}}{u_n}=\lim_{n\to\infty}\frac{\frac{4^{n+2}}{5^{n+1}}}{\frac{4^{n+1}}{5^n}}=\frac{4}{5}<1$ 收敛;$v_n=3\cdot\frac{2^n}{5^n}$,$\lim_{n\to\infty}\frac{v_{n+1}}{v_n}=\lim_{n\to\infty}\frac{3\cdot\frac{2^{n+1}}{5^{n+1}}}{3\cdot\frac{2^n}{5^n}}=\frac{2}{5}<1$ 收敛,所以 $\sum_{n=1}^{\infty} \frac{4^{n+1}+3\cdot 2^n}{5^n}$ 收敛.

【例 6.10】 讨论级数 $\sin\frac{1}{2}+2\cdot\sin\frac{1}{2^2}+3\cdot\sin\frac{1}{2^3}+\cdots+n\cdot\sin\frac{1}{2^n}+\cdots$ 的敛散性.

解 由题意知,级数通项为 $u_n=n\sin\frac{1}{2^n}$,因此有

$$\lim_{n\to\infty}\frac{u_{n+1}}{u_n}=\lim_{n\to\infty}\frac{(n+1)\sin\frac{1}{2^{n+1}}}{n\sin\frac{1}{2^n}}=\lim_{n\to\infty}\frac{\sin\frac{1}{2^{n+1}}}{\frac{1}{2^{n+1}}}\cdot\frac{\frac{1}{2^n}}{\sin\frac{1}{2^n}}\cdot\frac{n+1}{2n}=\frac{1}{2}<1$$

故该级数收敛.

【例 6.11】　讨论级数 $\sum\limits_{n=1}^{\infty}\dfrac{n^n}{3^n\cdot n!}$ 的敛散性.

解　因为 $\lim\limits_{n\to\infty}\left[\dfrac{(n+1)^{n+1}}{3^{n+1}(n+1)!}\Big/\dfrac{n^n}{3^n\cdot n!}\right]=\lim\limits_{n\to\infty}\dfrac{1}{3}\left(1+\dfrac{1}{n}\right)^n=\dfrac{e}{3}<1$，所以级数 $\sum\limits_{n=1}^{\infty}\dfrac{n^n}{3^n\cdot n!}$ 收敛.

【例 6.12】　判定级数 $\sum\limits_{n=1}^{\infty}(-1)^{n-1}\dfrac{1}{n}$ 的敛散性.

解　$\sum\limits_{n=1}^{\infty}(-1)^{n-1}\dfrac{1}{n}$ 为交错级数，$u_n=\dfrac{1}{n}$，$u_n=\dfrac{1}{n}$ 单调递减，$\lim\limits_{n\to\infty}u_n=\lim\limits_{n\to\infty}\dfrac{1}{n}=0$，因此级数 $\sum\limits_{n=1}^{\infty}(-1)^{n-1}\dfrac{1}{n}$ 收敛.

【例 6.13】　判定级数 $\sum\limits_{n=3}^{\infty}(-1)^{n-1}\dfrac{\ln n}{n}$ 的敛散性.

解　$\sum\limits_{n=3}^{\infty}(-1)^{n-1}\dfrac{\ln n}{n}$ 为交错级数，$u_n=\dfrac{\ln n}{n}$. 为了说明级数是否满足莱布尼兹判别法的条件，考虑函数 $u(x)=\dfrac{\ln x}{x}$，可得 $u'(x)=\dfrac{1-\ln x}{x^2}<0\ (x\geqslant 3)$. 故 $u(x)$ 在区间$[3,+\infty)$ 内单调递减，因而 $n\geqslant 3$ 时有 $u_n>u_{n+1}$.

又因为 $\lim\limits_{x\to+\infty}u(x)=\lim\limits_{x\to+\infty}\dfrac{\ln x}{x}=0$，所以$\lim\limits_{n\to\infty}u_n=0$. 因此，$\sum\limits_{n=3}^{\infty}(-1)^{n-1}\dfrac{\ln n}{n}$ 是莱布尼兹型级数，故收敛.

【例 6.14】　判别级数 $\sum\limits_{n=1}^{\infty}\left(\dfrac{\pi}{3^n}\sin 3^n\pi\right)$ 的敛散性，若收敛，指明是绝对收敛还是条件收敛.

解　因为 $\left|\dfrac{\pi}{3^n}\sin(3^n\pi)\right|\leqslant\dfrac{\pi}{3^n}$，而级数 $\sum\limits_{n=1}^{\infty}\dfrac{\pi}{3^n}$ 是收敛的几何级数，由比较判别法知正项级数 $\sum\limits_{n=1}^{\infty}\left|\dfrac{\pi}{3^n}\sin(3^n\pi)\right|$ 收敛，所以级数 $\sum\limits_{n=1}^{\infty}\left[\dfrac{\pi}{3^n}\sin(3^n\pi)\right]$ 绝对收敛.

【例 6.15】　判断级数 $\sum\limits_{n=1}^{\infty}(-1)^n\dfrac{n+1}{4n^3}$ 的敛散性，若收敛，指明是绝对收敛还是条件收敛.

解　因为 $\sum\limits_{n=1}^{\infty}\left|(-1)^n\dfrac{n+1}{4n^3}\right|=\sum\limits_{n=1}^{\infty}\dfrac{n+1}{4n^3}$，由比值判别法可知 $\lim\limits_{n\to\infty}\dfrac{\dfrac{n+1}{4n^3}}{\dfrac{1}{n^2}}=\lim\limits_{n\to\infty}\dfrac{n^3+n^2}{4n^3}=\dfrac{3}{4}$，且级数 $\sum\limits_{n=1}^{\infty}\dfrac{1}{n^2}$ 收敛，所以级数 $\sum\limits_{n=1}^{\infty}\dfrac{n+1}{4n^3}$ 收敛. 故此级数

$\sum\limits_{n=1}^{\infty}(-1)^n \dfrac{n+1}{4n^3}$ 收敛,且为绝对收敛.

【例 6.16】 求幂级数 $\sum\limits_{n=1}^{\infty} \dfrac{n+1}{3^n}x^{n-1}$ 的收敛半径.

解 因为 $\lim\limits_{n\to\infty}\left|\dfrac{\dfrac{n+2}{3^{n+1}}x^n}{\dfrac{n+1}{3^n}x^{n-1}}\right|=\dfrac{x}{3}<1$,所以 $-3<x<3$,其收敛半径为 3.

【例 6.17】 求幂级数 $\sum\limits_{n=1}^{\infty} \dfrac{(-1)^n}{4^n}x^{2n-1}$ 的收敛半径.

解 因为 $\lim\limits_{n\to\infty}\left|\dfrac{\dfrac{(-1)^{n+1}}{4^{n+1}}x^{2n+1}}{\dfrac{(-1)^n}{4^n}x^{2n-1}}\right|=\dfrac{x^2}{4}<1$,所以 $-2<x<2$,其收敛半径为 2.

【例 6.18】 求幂级数 $\sum\limits_{n=1}^{\infty} \dfrac{x^n}{3^n\cdot(n+1)}$ 的收敛半径、收敛域.

解 因为 $\lim\limits_{n\to\infty}\left|\dfrac{a_n}{a_{n+1}}\right|=\lim\limits_{n\to\infty}\left[\dfrac{1}{3^n\cdot(n+1)}\Big/\dfrac{1}{3^{n+1}\cdot(n+2)}\right]=3$,所以收敛半径 $R=3$.

当 $x=3$ 时,原级数变为调和级数 $\sum\limits_{n=1}^{\infty}\dfrac{1}{n+1}$,是发散的;当 $x=-3$ 时,原级数变为交错级数 $\sum\limits_{n=1}^{\infty}(-1)^n\dfrac{1}{n+1}$,是收敛的.故,幂级数的收敛域为 $[-3,\ 3)$.

【例 6.19】 求幂级数 $\sum\limits_{n=1}^{\infty} \dfrac{n+1}{5^n}(x+1)^n$ 的收敛域.

解 令 $t=x+1$,则原幂级数化为 $\sum\limits_{n=1}^{\infty}\dfrac{n+1}{5^n}t^n$. 由于 $\lim\limits_{n\to\infty}\left|\dfrac{a_n}{a_{n+1}}\right|=\lim\limits_{n\to\infty}\left(\dfrac{n+1}{5^n}\Big/\dfrac{n+2}{5^{n+1}}\right)=5$,因此,幂级数 $\sum\limits_{n=1}^{\infty}\dfrac{n+1}{5^n}t^n$ 的收敛半径 $R=5$. 当 $t=5$ 时,幂级数 $\sum\limits_{n=1}^{\infty}\dfrac{n+1}{5^n}t^n$ 变为 $\sum\limits_{n=1}^{\infty}(n+1)$,发散;当 $t=-5$ 时,幂级数 $\sum\limits_{n=1}^{\infty}\dfrac{n+1}{5^n}t^n$ 变为 $\sum\limits_{n=1}^{\infty}(-1)^n(n+1)$,发散. 故,幂级数 $\sum\limits_{n=1}^{\infty}\dfrac{n+1}{5^n}t^n$ 的收敛域为 $(-5,5)$,原幂级数 $\sum\limits_{n=1}^{\infty}\dfrac{n+1}{5^n}(x+1)^n$ 的收敛域为 $-5<x+1<5$,即 $(-6,4)$.

【例 6.20】 求幂级数 $\sum\limits_{n=0}^{\infty}\dfrac{(x-3)^{2n+1}}{9^{2n+1}}$ 的收敛半径、收敛域.

解　令 $t=x-3$,则原幂级数化为 $\sum_{n=0}^{\infty}\frac{t^{2n+1}}{9^{2n+1}}$. $\lim_{n\to\infty}\left|\frac{\frac{t^{2n+3}}{9^{2n+3}}}{\frac{t^{2n+1}}{9^{2n+1}}}\right|=\frac{t^2}{9^2}<1$,其收敛半径$R=9$,当 $t=9$ 时,幂级数 $\sum_{n=0}^{\infty}\frac{t^{2n+1}}{9^{2n+1}}$ 变为 $\sum_{n=1}^{\infty}1$,发散;当 $t=-2$ 时,幂级数 $\sum_{n=0}^{\infty}\frac{t^{2n+1}}{9^{2n+1}}$ 变为 $\sum_{n=0}^{\infty}(-1)^{2n+1}$,发散. 故,幂级数 $\sum_{n=0}^{\infty}\frac{t^{2n+1}}{9^{2n+1}}$ 的收敛域为$(-9,9)$,原幂级数 $\sum_{n=0}^{\infty}\frac{(x-3)^{2n+1}}{9^{2n+1}}$ 的收敛域为 $-9<x-3<9$,即$(-6,12)$.

【例 6.21】　求函数 $\sin x$ 的麦克劳林展开式.

解　$\cos x=1-\frac{x^2}{2!}+\frac{x^4}{4!}+\cdots+\frac{(-1)^n}{(2n)!}x^{2n}+\cdots\qquad x\in(-\infty,+\infty)$

逐项求导可得

$$-\sin x=-x+\frac{x^3}{3!}+\cdots+\frac{(-1)^n}{(2n-1)!}x^{2n-1}+$$

$$\frac{(-1)^{n+1}}{(2n+1)!}x^{2n+1}\cdots\qquad x\in(-\infty,+\infty)$$

故

$$\sin x=x-\frac{x^3}{3!}+\frac{x^5}{5!}-\cdots+\frac{(-1)^{n-1}}{(2n-1)!}x^{2n-1}+$$

$$\frac{(-1)^n}{(2n+1)!}x^{2n+1}\cdots\qquad x\in(-\infty,+\infty)$$

【例 6.22】　将函数$\frac{1}{x+2}$展开为 x 的幂级数(麦克劳林级数).

解　因为　$\frac{1}{1-x}=1+x+x^2+\cdots+x^n+\cdots\quad x\in(-1,1)$

所以　$\frac{1}{x+2}=\frac{1}{2}\cdot\frac{1}{1+\frac{1}{2}x}=\frac{1}{2}\sum_{n=0}^{\infty}(-1)^n\left(\frac{1}{2}x\right)^n\qquad x\in(-2,2)$

【例 6.23】　将函数$\frac{1}{x^2-3x+2}$展开为 x 的幂级数(麦克劳林级数).

解　由题意得$\frac{1}{x^2-3x+2}=\frac{1}{(x-2)(x-1)}=\frac{1}{x-2}-\frac{1}{x-1}$,又因为

$$\frac{1}{1-x}=1+x+x^2+\cdots+x^n+\cdots\qquad x\in(-1,1)$$

所以

$$\frac{1}{x-2}=-\frac{1}{2}\cdot\frac{1}{1-\frac{1}{2}x}=-\frac{1}{2}\sum_{n=0}^{\infty}\left(\frac{1}{2}x\right)^{n}=-\sum_{n=0}^{\infty}\left(\frac{1}{2}\right)^{n+1}x^{n}\qquad x\in(-2,2)$$

$$\frac{1}{x-1}=-1\cdot\frac{1}{1-x}=-1\sum_{n=0}^{\infty}x^{n}=-\sum_{n=0}^{\infty}x^{n}\qquad x\in(-1,1)$$

综上所述：

$$\frac{1}{x^{2}-3x+2}=-\sum_{n=0}^{\infty}\left[\left(\frac{1}{2}\right)^{n+1}-1\right]x^{n}\qquad x\in(-1,1)$$

【例 6.24】 将函数 $f(x)=\int_{0}^{x}e^{-\frac{t^{2}}{2}}dt$ 展开成 x 的幂级数.

解 因为 $e^{x}=\sum_{n=0}^{\infty}\frac{x^{n}}{n!}=1+x+\frac{x^{2}}{2!}+\cdots+\frac{x^{n}}{n!}+\cdots\qquad x\in(-\infty,\infty)$

所以 $$e^{-\frac{t^{2}}{2}}=1+\left(-\frac{t^{2}}{2}\right)+\frac{1}{2!}\left(-\frac{t^{2}}{2}\right)^{2}+\cdots+\frac{1}{n!}\left(-\frac{t^{2}}{2}\right)^{n}+\cdots$$

对展开式进行逐项积分,得

$$f(x)=\int_{0}^{x}e^{-\frac{t^{2}}{2}}dt=\int_{0}^{x}\left[1+\left(-\frac{t^{2}}{2}\right)+\frac{1}{2!}\left(-\frac{t^{2}}{2}\right)^{2}+\cdots+\frac{1}{n!}\left(-\frac{t^{2}}{2}\right)^{n}+\cdots\right]dt$$

$$=x-\frac{x^{3}}{3\cdot 2}+\frac{x^{5}}{2!\cdot 5\cdot 2^{2}}-\frac{x^{7}}{3!\cdot 7\cdot 2^{3}}+\cdots+\frac{(-1)^{n}x^{2n+1}}{n!(2n+1)2^{n}}+\cdots$$

【例 6.25】 将函数 $\frac{1}{x-1}$ 展开为 $(x-3)$ 的幂级数.

解 因为 $$\frac{1}{1+x}=1-x+x^{2}-\cdots+(-1)^{n}x^{n}+\cdots\qquad x\in(-1,1)$$

所以 $$\frac{1}{x-1}=\frac{1}{2+(x-3)}=\frac{1}{2}\cdot\frac{1}{1+\frac{x-3}{2}}$$

$$=\frac{1}{2}\sum_{n=0}^{\infty}(-1)^{n}\left(\frac{x-3}{2}\right)^{n}$$

$$=\sum_{n=0}^{\infty}\left[\frac{(-1)^{n}}{2^{n+1}}(x-3)^{n}\right]\qquad x\in(1,5)$$

【例 6.26】 将函数 $\frac{x}{x^{2}-3x-4}$ 展开为 $x-2$ 的幂级数.

解 由题意得 $\frac{x}{x^{2}-3x-4}=\frac{x}{(x-4)(x+1)}=\frac{1}{5}\left(\frac{4}{x-4}+\frac{1}{x+1}\right)$,又因为

$$\frac{4}{x-4}=-\frac{4}{2-(x-2)}=-\frac{2}{1-\frac{x-2}{2}}=-\sum_{n=0}^{\infty}\frac{(x-2)^{n}}{2^{n-1}}\qquad x\in(0,4)$$

所以
$$\frac{1}{x+1}=\frac{1}{3}\frac{1}{1+\frac{x-2}{3}}=\sum_{n=0}^{\infty}(-1)^n\frac{(x-2)^n}{3^{n+1}}\qquad x\in(-1,5)$$

综上所述：
$$\frac{x}{x^2-3x-4}=\frac{1}{5}\sum_{n=0}^{\infty}\left[\frac{(-1)^n}{3^{n+1}}-\frac{1}{2^{n-1}}\right](x-2)^n\qquad x\in(0,4)$$

【例 6.27】 把函数 $f(x)=\arctan x$ 展开成 x 的幂级数，并求级数 $\sum_{n=0}^{\infty}\frac{(-1)^n}{3^n(2n+1)}$ 的和.

解　因为
$$\frac{1}{1-x}=1+x+x^2+\cdots+x^n+\cdots\qquad x\in(-1,1)$$
$$f'(x)=\frac{1}{1+x^2}=\sum_{n=0}^{\infty}(-1)^nx^{2n}\qquad x\in(-1,1)$$
$$f(x)=f(0)+\int_0^x f'(t)\mathrm{d}t=\int_0^x\sum_{n=0}^{\infty}(-1)^nt^{2n}\mathrm{d}t$$
$$=\sum_{n=0}^{\infty}(-1)^n\frac{x^{2n+1}}{2n+1}\qquad x\in(-1,1)$$

又因 $f(x)$在点 $x=\pm1$ 处连续，而$\sum_{n=.0}^{\infty}(-1)^n\frac{x^{2n+1}}{2n+1}$ 在点 $x=\pm1$ 处收敛，从而
$$f(x)=\sum_{n=.0}^{\infty}(-1)^n\frac{x^{2n+1}}{2n+1}\qquad x\in(-1,1)$$

于是，
$$\sum_{n=0}^{\infty}\frac{(-1)^n}{3^n(2n+1)}=\sqrt{3}\sum_{n=0}^{\infty}\frac{(-1)^n}{(2n+1)}\cdot\left(\frac{1}{\sqrt{3}}\right)^{2n+1}=\sqrt{3}f\left(\frac{1}{\sqrt{3}}\right)=\frac{\sqrt{3}}{6}\pi$$

6.2　基础练习题

1. 判断下列级数的敛散性.

(1) $\sum_{n=1}^{\infty}\cos\frac{\pi}{n}$；　　(2) $\sum_{n=1}^{\infty}\frac{n}{3n+1}$；

(3) $\sum_{n=1}^{\infty}\frac{3+(-1)^n}{5^n}$；　　(4) $\sum_{n=1}^{\infty}\frac{1}{2^n}\sin\frac{\pi}{n}$；

(5) $\sum_{n=1}^{\infty}\frac{3}{9^n+1}$；　　(6) $\sum_{n=1}^{\infty}\frac{2n}{n^2(n+1)}$；

(7) $\sum_{n=1}^{\infty}\frac{n+3}{4^n}$；　　(8) $\sum_{n=1}^{\infty}\frac{2}{n!}$；

(9) $\sum\limits_{n=1}^{\infty}(\sqrt{n^2+3}-\sqrt{n^2-3})$.

2. 判断下列级数的敛散性.

(1) $\sum\limits_{n=0}^{\infty}\dfrac{(-1)^n}{2^n}$;　　(2) $\sum\limits_{n=0}^{\infty}\dfrac{(-1)^n}{\sqrt{n+1}}$;

(3) $\sum\limits_{n=1}^{\infty}\dfrac{(-1)^n}{3n^2+1}$;　　(4) $\sum\limits_{n=1}^{\infty}\dfrac{(-1)^{n-1}4n}{7n+1}$;

(5) $\sum\limits_{n=1}^{\infty}\dfrac{(-1)^n n}{\sqrt{3n^2+2}}$;　　(6) $\sum\limits_{n=1}^{\infty}\dfrac{(-1)^{n-1}3}{n!}$.

3. 求下列级数的收敛半径、收敛域.

(1) $\sum\limits_{n=1}^{\infty}(3n+1)x^{n-1}$;　　(2) $\sum\limits_{n=0}^{\infty}\dfrac{3n+1}{4n^3}x^n$;

(3) $\sum\limits_{n=1}^{\infty}\dfrac{3n-1}{3^n}x^{2n-1}$.

4. 把下列级数展开为关于 x 的幂级数.

(1) $\dfrac{1}{x+4}$;　　(2) $\dfrac{1}{x^2+4x-5}$;　　(3) e^{2x}.

5. 把下列级数展开为关于$(x-1)$,$(x+1)$的幂级数.

(1) $\dfrac{1}{x+4}$;　　(2) $\dfrac{1}{x^2+2x-8}$;　　(3) $\ln(x+3)$.

6.3 同步提高自测题

6.3.1 同步提高自测题 A

一、选择题

1. 下列命题正确的是(　　).

A. 若$\lim\limits_{n\to\infty}v_n=0$,则$\sum\limits_{n=1}^{\infty}v_n$ 必发散　　B. 若$\lim\limits_{n\to\infty}v_n\neq 0$,则$\sum\limits_{n=1}^{\infty}v_n$ 必发散

C. 若$\lim\limits_{n\to\infty}v_n=0$,则$\sum\limits_{n=1}^{\infty}v_n$ 必收敛　　D. 若$\lim\limits_{n\to\infty}v_n\neq 0$,则$\sum\limits_{n=1}^{\infty}v_n$ 必收敛

2. 下列级数收敛的是(　　).

A. $\sum\limits_{n=1}^{\infty}\dfrac{1}{\sqrt{n}}$　　B. $\sum\limits_{n=1}^{\infty}\dfrac{n}{2n+1}$

C. $\sum\limits_{n=1}^{\infty}\dfrac{1}{n\sqrt{n+1}}$　　D. $\sum\limits_{n=1}^{\infty}\left(\dfrac{e}{2}\right)^n$

3. 下列级数绝对收敛的是(　　).

A. $\sum_{n=1}^{\infty}(-1)^n \frac{3n-2}{2n+5}\cdot\frac{1}{\sqrt[3]{n}}$　　B. $\sum_{n=1}^{\infty}(-1)^n \frac{5\ln n}{n}$

C. $\sum_{n=1}^{\infty}(-1)^n \tan\frac{2}{3^{n+1}}$　　D. $\sum_{n=1}^{\infty}(-1)^n(\sqrt{n+1}-\sqrt{n})$

二、填空题.

1. 已知级数$\frac{1}{\ln 2}+\frac{2}{\ln 3}+\frac{3}{\ln 4}+\cdots$,则其通项为________.

2. 级数$\sum_{n=0}^{\infty}\frac{1}{n(n+1)}x^n$的收敛半径为________.

3. 级数$\sum_{n=0}^{\infty}\frac{(\ln 3)^n}{2^n}$的和为________.

三、计算题.

1. 判断下列级数的收敛性.

(1) $\sum_{n=1}^{\infty}\frac{1}{\sqrt{n^2+1}}$;　　(2) $\sum_{n=1}^{\infty}\frac{2+3^n(-1)^{n-1}}{5^n}$.

2. 判断下列级数是否收敛,若收敛,是绝对收敛还是条件收敛?

(1) $\sum_{n=1}^{\infty}\frac{\sin n\pi}{\sqrt[3]{n^4}}$;　　(2) $\sum_{n=1}^{\infty}(-1)^n\frac{1}{\sqrt[3]{n^2}}$.

3. 求下列级数的收敛区间.

(1) $\sum_{n=0}^{\infty}\frac{1}{4^n}x^n$;　　(2) $\sum_{n=1}^{\infty}\frac{n^n}{n!}x^n$.

4. 求下列幂级数在收敛区间的和函数.

(1) $1+2x+3x^2+\cdots+(n+1)x^n+\cdots$;

(2) $4x^3+\frac{6}{2!}x^5+\frac{8}{3!}x^7+\cdots+\frac{2n+2}{n!}x^{2n+1}+\cdots$.

5. 将下列函数展开为 x 的幂级数.

(1) e^{-3x};　　(2) $\frac{1}{x^2-5x+6}$.

6. 将下列函数展开为$(x-4)$的幂级数.

(1) $\frac{1}{2-x}$;　　(2) $\frac{1}{x^2-2x-3}$.

6.3.2　同步提高自测题 B

一、选择题.

1. 设级数$\sum_{n=1}^{\infty}u_n$收敛,下列级数必收敛的是(　　).

A. $\sum_{n=1}^{\infty}(-1)^n u_n$　　B. $\sum_{n=1}^{\infty}(u_n+u_{n+1})$

C. $\sum_{n=1}^{\infty}u_n^2$　　D. $\sum_{n=1}^{\infty}(u_n^2+u_{n+1}^2)$

2. 下列级数收敛的是(　　).

A. $\sum_{n=1}^{\infty}(-1)^n\frac{1}{\sqrt{n}}$　　B. $\sum_{n=1}^{\infty}\frac{n^2}{3n+1}$

C. $\sum_{n=1}^{\infty}\frac{1}{\sqrt{n+1}}$　　D. $\sum_{n=1}^{\infty}\left(\frac{3}{\mathrm{e}}\right)^n$

二、填空题.

1. 已知 $\lim\limits_{n\to\infty}u_n=1$,则 $\sum_{n=0}^{\infty}(u_n-u_{n+1})$ 的和为________.

2. 级数 $\sum_{n=0}^{\infty}\frac{1}{\sqrt{n+1}}(x-1)^n$ 的收敛域为________.

3. 将函数 $f(x)=\ln(2+x)$ 展开成 $x-2$ 的幂级数________.

三、计算题.

1. 判断下列级数的收敛性.

(1) $\sum_{n=2}^{\infty}\ln\frac{n}{n-1}$;　　(2) $\sum_{n=2}^{\infty}\frac{1}{\sqrt{n}}\ln\frac{n+1}{n-1}$.

2. 判断下列级数是否收敛,若收敛,是绝对收敛还是条件收敛?

(1) $\sum_{n=1}^{\infty}\frac{\cos n}{n^2}$;　　(2) $\sum_{n=1}^{\infty}(-1)^n\frac{(n+1)!}{n^{n+1}}$.

3. 求下列级数的收敛域.

(1) $\sum_{n=1}^{\infty}\left(\frac{1}{3^n}+\frac{n}{4^n}\right)x^n$;　　(2) $\sum_{n=0}^{\infty}\frac{1}{4^n n^2}x^{2n+1}$;

4. 求下列幂级数在收敛区间的和函数.

(1) $\sum_{n=1}^{\infty}(n+1)nx^n$;　　(2) $\sum_{n=0}^{\infty}(-1)^n\frac{1}{2n+1}x^{2n+1}$.

5. 将下列函数展开为 x 的幂级数.

(1) $\ln(2+x)$;　　(2) $\arctan x$.

6. 将下列函数展开为$(x-3)$的幂级数.

(1) $\ln x$;　　(2) $\frac{1}{(x+2)^2}$.

第 7 章　向量与空间解析几何

知识框架

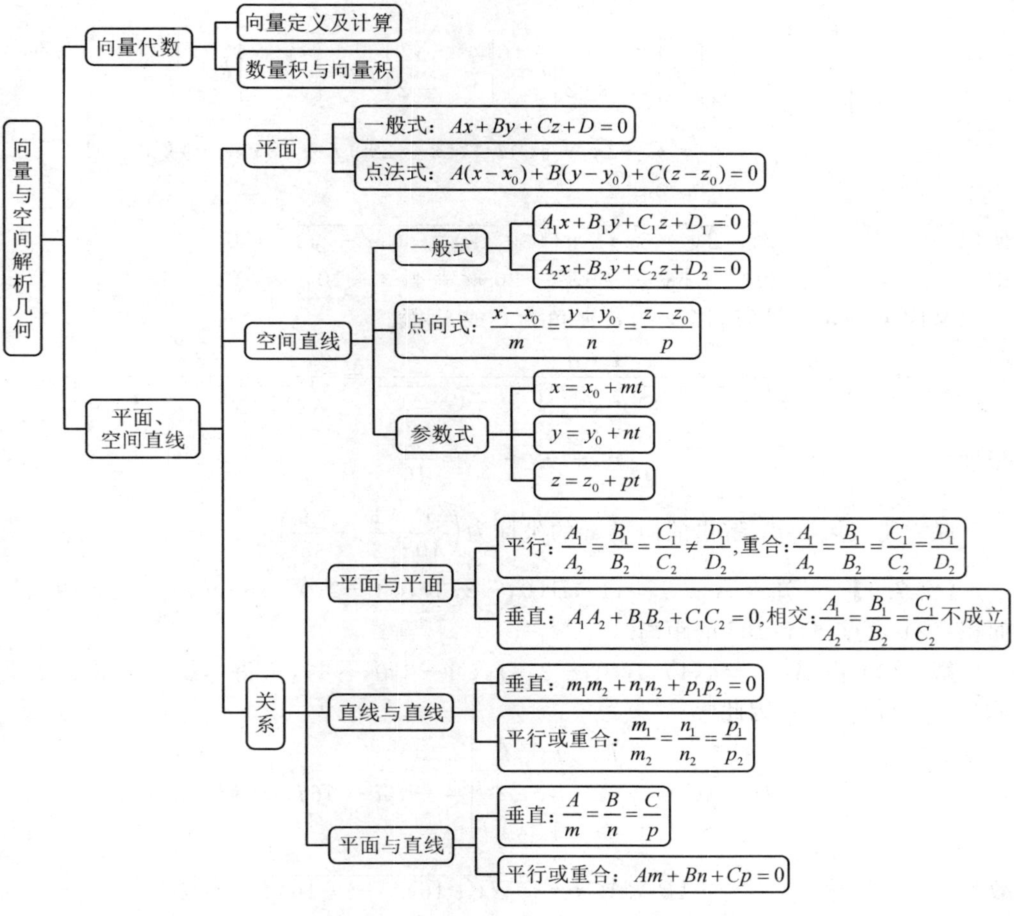

7.1　典型例题

【例 7.1】　已知$|\boldsymbol{a}\cdot\boldsymbol{b}|=3$,$|\boldsymbol{a}\times\boldsymbol{b}|=4$,求$|\boldsymbol{a}|\cdot|\boldsymbol{b}|$.

解

$$|\boldsymbol{a}\cdot\boldsymbol{b}|=|\boldsymbol{a}|\cdot|\boldsymbol{b}|\cos\theta=3 \quad ①$$

$$|\boldsymbol{a}\times\boldsymbol{b}|=|\boldsymbol{a}|\cdot|\boldsymbol{b}|\sin\theta=4 \quad ②$$

由①^2+②^2 得

$$(|\boldsymbol{a}|\cdot|\boldsymbol{b}|)^2=25$$

因此 $$|\boldsymbol{a}|\cdot|\boldsymbol{b}|=5$$

【例 7.2】 已知向量 $\boldsymbol{x}$ 与 $\boldsymbol{a}$(,1,5,−2)共线,且满足 $\boldsymbol{a}\cdot\boldsymbol{x}=3$,求向量 $\boldsymbol{x}$ 的坐标.

解 设 $\boldsymbol{x}$ 的坐标为(x,y,z),已知 $\boldsymbol{a}=(1,5,-2)$,

则 $$\boldsymbol{a}\cdot\boldsymbol{x}=x+5y-2z=3 \qquad ①$$

又因 $\boldsymbol{x}$ 与 $\boldsymbol{a}$ 共线,所以 $\boldsymbol{x}\times\boldsymbol{a}=0$,即

$$\begin{vmatrix}\boldsymbol{i} & \boldsymbol{j} & \boldsymbol{k}\\ x & y & z\\ 1 & 5 & -2\end{vmatrix}=\begin{vmatrix}y & z\\ 5 & -2\end{vmatrix}\boldsymbol{i}-\begin{vmatrix}x & y\\ 1 & -2\end{vmatrix}\boldsymbol{j}+\begin{vmatrix}x & y\\ 1 & 5\end{vmatrix}\boldsymbol{k}$$

$$=(-2y-5z)\boldsymbol{i}+(z+2x)\boldsymbol{j}+(5x-y)\boldsymbol{k}$$

$$=0$$

所以 $$\sqrt{(-2y-5z)^2+(z+2x)^2+(5x-y)^2}=0$$

即 $$29x^2+5y^2+26z^2+20yz+4xz-10xy=0 \qquad ②$$

又因 $\boldsymbol{x}$ 与 $\boldsymbol{a}$ 共线,所以 $\boldsymbol{x}$ 与 $\boldsymbol{a}$ 夹角为 0 或 π,故

$$\cos 0=1=\frac{\boldsymbol{x}\cdot\boldsymbol{a}}{\sqrt{x^2+y^2+z^2}\cdot\sqrt{1^2+5^2+(-2)^2}}=\frac{3}{\sqrt{x^2+y^2+z^2}\cdot\sqrt{30}}$$

整理得 $$x^2+y^2+z^2=\frac{3}{10} \qquad ③$$

联立①、②、③式,解出的向量 $\boldsymbol{x}$ 的坐标为$\left(\frac{1}{10},\frac{1}{2},-\frac{1}{5}\right)$.

【例 7.3】 已知点 $A(2,-4,1)$,$B(0,-2,3)$,$C(-2,0,-3)$.(1) 求△ABC 的面积;(2) 求点 A 到 BC 的距离.

解 (1) 由 $A(2,-4,1)$,$B(0,-2,3)$,$C(-2,0,-3)$,可得 $\overrightarrow{AB}=(-2,2,2)$,$\overrightarrow{AC}=(-4,4,-4)$,因此

$$\overrightarrow{AB}\times\overrightarrow{AC}=\begin{vmatrix}\boldsymbol{i} & \boldsymbol{j} & \boldsymbol{k}\\ -2 & 2 & 2\\ -4 & 4 & -4\end{vmatrix}=-16\boldsymbol{i}-16\boldsymbol{j}+0\boldsymbol{k}$$

故 $$S_{\triangle ABC}=\frac{1}{2}|\overrightarrow{AB}\times\overrightarrow{AC}|=\frac{1}{2}\sqrt{(-16)^2+(-16)^2}=8\sqrt{2}$$

(2) 设点 A 到底边 BC 的距离为 AD,因为 $\overrightarrow{BC}=(-2,2,-6)$,所以

$$|\overrightarrow{BC}|=\sqrt{(-2)^2+2^2+(-6)^2}=\sqrt{44}=2\sqrt{11}$$

又因为 $S_{\triangle ABC}=\frac{1}{2}|\overrightarrow{AB}\times\overrightarrow{AC}|=\frac{1}{2}|\overrightarrow{AD}||\overrightarrow{BC}|$,所以 $|\overrightarrow{AD}|=\frac{8\sqrt{2}}{2\sqrt{11}}=\frac{4\sqrt{22}}{11}$.

【例 7.4】 求经过点 $A(3,2,1)$ 和点 $B(-1,2,-3)$ 且与坐标平面 xOz 垂直的平面的方程.

解 与 xOy 平面垂直的平面平行于 y 轴,方程为

$$Ax + Cz + D = 0 \qquad ①$$

把点 $A(3,2,1)$ 和点 $B(-1,2,-3)$ 代入①式,得

$$3A + C + D = 0 \qquad ②$$

$$-A - 3C + D = 0 \qquad ③$$

联立②、③式,得

$$A = -\frac{D}{2}, \quad C = \frac{D}{2}$$

将其代入①式,得

$$-\frac{D}{2}x + \frac{D}{2}z + D = 0$$

消去 D 可得所求的平面方程,即

$$x - 2 - z = 0$$

【例 7.5】 若点 $A(2,0,-1)$ 在平面 α 上的投影为 $B(-2,5,1)$,求平面 α 的方程.

解 由题意知,设平面的法向量为 $\boldsymbol{n} = (4,-5,2)$,将其代入平面的点法式方程,可得

$$4(x + 2) - 5(y - 5) - 2(z - 1) = 0$$

因此所求平面方程为

$$4x - 5y - 2z + 35 = 0$$

【例 7.6】 已知两平面 $\alpha: mx + 7y - 6z - 24 = 0$, $\beta: 2x - 3my + 11z - 19 = 0$ 相互垂直,求 m 的值.

解 两平面的法向量分别为 $\boldsymbol{n}_1 = (m,-1,-6)$, $\boldsymbol{n}_2 = (2,-3m,11)$,由 $\boldsymbol{n}_1 \perp \boldsymbol{n}_2$ 得

$$2m - 21m - 66 = 0$$

因此,$m = -\dfrac{66}{19}$.

【例 7.7】 求经过点 $P(1,-2,0)$ 且与直线 $\dfrac{x-1}{1} = \dfrac{y-1}{1} = \dfrac{z-1}{0}$ 和 $\dfrac{x}{1} = \dfrac{y}{-1} = \dfrac{z+1}{0}$ 都平行的平面的方程.

解 两已知直线的方向向量分别为 $\boldsymbol{v}_1 = (1,1,0)$, $\boldsymbol{v}_2 = (1,-1,0)$,平面与直线平行,因此平面的法向量 $\boldsymbol{a} = (A,B,C)$ 与直线垂直.

由 $\boldsymbol{a} \perp \boldsymbol{v}_1$,有

$$A + B + 0 = 0 \qquad ①$$

由 $\boldsymbol{a}\perp\boldsymbol{v}_2$,有

$$A-B-0=0 \quad ②$$

联立①、②式,求得 $A=0,B=0,C\neq0$.

又因为平面经过点 $P(1,-2,0)$,将其代入平面一般方程得

$$0\times1+0\times(-2)+C\times0+D=0$$

所以 $D=0$.

故,所求平面方程为 $Cz=0$,即 $z=0$,也就是 xOy 平面.

【例 7.8】 求通过点 $P(1,0,-2)$,而与平面 $3x-y+2z-1=0$ 平行且与直线 $\frac{x-1}{4}=\frac{y-3}{-2}=\frac{z}{1}$ 相交的直线方程.

解 设所求直线的方向向量为 $\boldsymbol{v}=(m,n,p)$,直线与平面 $3x+2z-1=0$ 平行,则 $\boldsymbol{v}\perp\boldsymbol{n}$,因此有

$$3m-n+2p=0 \quad ①$$

直线①与直线 $\frac{x-1}{4}=\frac{y-3}{-2}=\frac{z}{1}$ 相交,即共面,则有

$$\begin{vmatrix} m & n & p \\ 4 & -2 & 1 \\ 1-1 & 3-0 & 0+2 \end{vmatrix}=0$$

因此

$$-7m-8n+12=0 \quad ②$$

由①、②式得

$$\frac{m}{\begin{vmatrix} -1 & 2 \\ -8 & 12 \end{vmatrix}}=\frac{n}{\begin{vmatrix} 2 & 3 \\ 12 & -7 \end{vmatrix}}=\frac{p}{\begin{vmatrix} 3 & -1 \\ -7 & -8 \end{vmatrix}}$$

即

$$\frac{m}{4}=\frac{n}{-50}=\frac{p}{-31}$$

取 $m=4,n=-50,p=-31$,因此所求的直线方程为

$$\frac{x-1}{4}=\frac{y}{-50}=\frac{z+2}{-31}$$

【例 7.9】 求过点(-3,25)且与两平面 $x-4z=3,3x-y+z=1$ 平行的直线方程.

解 与两平面平行的直线与这两个平面的交线平行,则直线的方向向量垂直于这两平面的法向量.

所确定的平面,即直线的方向矢量.

$$\boldsymbol{v}=\boldsymbol{n}_1\times\boldsymbol{n}_2=\begin{vmatrix} \boldsymbol{i} & \boldsymbol{j} & \boldsymbol{k} \\ 1 & 0 & -4 \\ 3 & -1 & 1 \end{vmatrix}=-4\boldsymbol{i}-13\boldsymbol{j}-\boldsymbol{k}$$

将已知点代入直线的标准方程,得

$$\frac{x+3}{4}=\frac{y-2}{13}=\frac{z-5}{1}$$

7.2　基础练习题

1. 已知向量 $\boldsymbol{a}=(1,-3,0)$，$\boldsymbol{b}=(m,-1,3)$，且 $\boldsymbol{a}\perp\boldsymbol{b}$，求 m 的值.
2. 已知向量 $\boldsymbol{a}=(-1,0,1)$，$\boldsymbol{b}=(1,-1,0)$，求两向量夹角的余弦值.
3. 求平面 $2x+y-z+3=0$ 和平面 Oxz 的夹角.
4. 已知平面的法向量 $\boldsymbol{n}(-1,2,3)$，且平面过点$(-1,0,3)$，求平面的一般方程.
5. 已知空间直线方程 $\frac{x+1}{2}=\frac{y+3}{-1}=z$，$\frac{x-2}{1}=\frac{y+1}{0}=\frac{z-1}{3}$，求两直线的夹角.

7.3　同步提高自测题

7.3.1　同步提高自测题 A

一、填空题.

1. 已知点 $A(3,8,7)$，$B(-1,2,-3)$，则向量 $|\overrightarrow{AB}|=$________.
2. 已知直线 $\frac{x-1}{1}=\frac{y-1}{1}=\frac{z-1}{0}$ 和 $\frac{x}{1}=\frac{y}{0}=\frac{z+1}{-1}$，则两条直线的夹角为________.
3. 已知点 $A(1,-1,3)$ 和点 $B(3,0,1)$，则与 $\overrightarrow{AB}$ 同方向的单位向量是________.
4. 过点$(1,0,3)$，且与直线 $\frac{x}{2}=y-1=\frac{z+1}{-3}$ 平行的直线方程是________.
5. 方程 $\frac{x^2}{4}+\frac{y^2}{3}=1$ 所表示的曲面方程为________.

二、选择题.

1. 已知平行四边形 $ABCD$，O 是平行四边形 $ABCD$ 所在平面内任意一点，$\overrightarrow{OA}=\boldsymbol{a}$，$\overrightarrow{OB}=\boldsymbol{b}$，$\overrightarrow{OC}=\boldsymbol{c}$，则向量 $\overrightarrow{OD}$ 等于(　　).

   A. $\boldsymbol{a}+\boldsymbol{b}+\boldsymbol{c}$　　B. $\boldsymbol{a}+\boldsymbol{b}-\boldsymbol{c}$　　C. $\boldsymbol{a}-\boldsymbol{b}+\boldsymbol{c}$　　D. $\boldsymbol{a}-\boldsymbol{b}-\boldsymbol{c}$

2. 已知空间三点 $M(1,1,1)$，$A(2,2,1)$ 和 $B(2,1,2)$，则 $\angle AMB=$(　　).

   A. π　　B. $\frac{\pi}{2}$　　C. $\frac{\pi}{3}$　　D. $\frac{\pi}{4}$

3. 设向量 $\boldsymbol{a}=(-1,\ 2,\ 0)$，$\boldsymbol{b}=(2,\ 1,\ -3)$，则向量 $\boldsymbol{a}$ 与 $\boldsymbol{b}$ 的夹角为(　　).

A. 0　　B. $\frac{\pi}{2}$　　C. $\frac{\pi}{6}$　　D. $\frac{\pi}{4}$

4. 直线 $x=2y=3z$ 与平面 $x+2y+3z-4=0$ 的关系是(　　).

A. 斜交　　B. 垂直　　C. 平行　　D. 直线在平面上

三、计算题.

1. 已知向量 $\boldsymbol{a}$ 的模为4且其方向角 $\alpha=\gamma=6^\circ$,求向量 $\boldsymbol{a}$.

2. 设 $\boldsymbol{a}=2\boldsymbol{i}+\boldsymbol{j}-2\boldsymbol{k}$,$\boldsymbol{b}=\boldsymbol{i}-2\boldsymbol{j}+3\boldsymbol{k}$,求(1) $\boldsymbol{a}\cdot\boldsymbol{b}$,$(\boldsymbol{a}-2\boldsymbol{b})\cdot 3\boldsymbol{b}$;(2) $\boldsymbol{a}\times\boldsymbol{b}$,$3\boldsymbol{a}\times\boldsymbol{b}$.

3. 已知直线 L_1:$\frac{x-1}{1}=\frac{y-2}{0}=\frac{z-3}{-1}$ 和直线 L_2:$\frac{x+2}{2}=\frac{y-1}{1}=\frac{z}{1}$,求过 L_1 且平行于 L_2 的平面方程.

4. 求过点(3,0,-1)且与平面 $3x-7y+5z-12=0$ 平行的平面方程.

7.3.2　同步提高自测题B

一、填空题.

1. 已知空间两点 $A(5,1,4)$,$B(7,3,1)$,与向量 $\overrightarrow{AB}$ 方向一致的单位向量 $\boldsymbol{a}^0=$________.

2. 已知 $\boldsymbol{a}=3\boldsymbol{i}-\boldsymbol{j}-2\boldsymbol{k}$ 与 $\boldsymbol{b}=\boldsymbol{i}+2\boldsymbol{j}-\boldsymbol{k}$,则 $\boldsymbol{a}\times\boldsymbol{b}=$________,$\boldsymbol{a}$、$\boldsymbol{b}$ 夹角的余弦值为________.

3. 已知平面 $2x+y-2z+3=0$,则该平面与 Oxy 面夹角的余弦值为________.

4. 已知平面 $\frac{x}{1}=\frac{y-3}{2}=\frac{z-1}{-2}$,则点(1,0,1)到该平面的距离为________.

二、选择题.

1. 已知空间三角形 ABC,顶点 $A(0,-1,3)$,$B(3,0,2)$,$C(5,3,1)$,则 $S_{\triangle ABC}=$(　　).

A. 3　　B. $\frac{4\sqrt{6}}{3}$　　C. $\frac{2\sqrt{6}}{3}$　　D. $\frac{2}{3}$

2. 已知平面方程过点 $A(1,0,1)$,$B(2,-1,1)$,且平行于 z 轴,则该平面方程为(　　).

A. $x+y-1=0$　　B. $x+y+1=0$

C. $2x+3y-5=0$　　D. $x-y+1=0$

3. 已知直线 $\begin{cases}x+y+3z=0\\ x-y-z=0\end{cases}$ 与平面 $x-y-z+1=0$,则其夹角为(　　).

A. π　　B. $\frac{\pi}{4}$　　C. $\frac{\pi}{3}$　　D. 0

4. 在空间直角坐标系中,方程 $x^2+y^2=1$ 表示(　　).

A. 圆　　B. 椭圆柱面　　C. 双曲柱面　　D. 圆柱面

三、计算题.

1. 已知$|\boldsymbol{a}|=3$,$|\boldsymbol{b}|=2$,$(\boldsymbol{a},\boldsymbol{b})=\frac{\pi}{3}$,求$(3\boldsymbol{a}+2\boldsymbol{b})\cdot(2\boldsymbol{a}-5\boldsymbol{b})$.

2. 求直线$\begin{cases}x+y-z-1=0\\x-y+z+1=0\end{cases}$在平面$x+y+z=0$上的投影直线方程.

3. 求过三点$A(1,-1,2)$,$B(1,3,1)$,$C(-1,2,0)$的平面方程.

4. 求过点$(-1,3,2)$且与两直线$\begin{cases}x+2y-z+1=0\\x-y+z-1=0\end{cases}$和$\begin{cases}2x-y+z=0\\x-y+z=0\end{cases}$平行的平面方程.

5. 求经过点$(-2,3,1)$且平行于直线$\begin{cases}2x-3y+z=0\\x+5y-2z=0\end{cases}$的直线方程.

第 8 章　多元函数微积分

知识框架

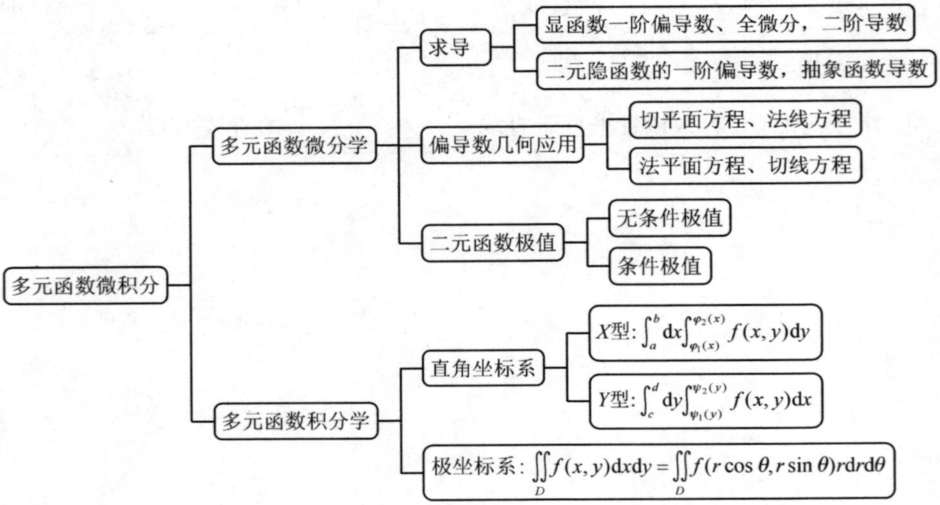

8.1　典型例题

【例 8.1】　求极限$\lim\limits_{\substack{x\to 0\\ y\to 0}}\dfrac{2-\cos\sqrt{4xy}}{\sqrt{2-e^{xy}}-1}$.

解

$$\lim_{\substack{x\to 0\\ y\to 0}}\frac{2-\cos\sqrt{4xy}}{\sqrt{2-e^{xy}}-1}=\lim_{\substack{x\to 0\\ y\to 0}}\frac{2(1-\cos\sqrt{xy})}{\sqrt{1+(1-e^{xy})}-1}$$

$$=\lim_{(x,y)\to(0,0)}\frac{2\times\dfrac{1}{2}(\sqrt{xy})^2}{\dfrac{1}{2}(1-e^{xy})}$$

$$=\lim_{(x,y)\to(0,0)}\frac{xy}{-\dfrac{1}{2}xy}$$

$$=-2$$

【例 8.2】 设 $f(x,y)=\begin{cases}\dfrac{x^3+y^2}{\sqrt{x^2+y^2}} & (x,y)\neq(0,0)\\ 0 & (x,y)=(0,0)\end{cases}$，证明函数 $f(x,y)$ 在点 $(0,0)$ 处连续.

证明　由题意有

$$\lim_{(x,y)\to(0,0)} f(x,y)=\lim_{(x,y)\to(0,0)}\frac{x^3+y^2}{\sqrt{x^2+y^2}}$$

$$\xlongequal{x=\rho\cos\theta,y=\rho\sin\theta}\lim_{\rho\to 0}\frac{\rho^2(\rho\cos^3\theta+\sin^2\theta)}{\rho}=0=f(0,0)$$

因此 $f(x,y)$ 在点 $(0,0)$ 连续.

【例 8.3】 设 $z=\arctan\sqrt{\dfrac{y}{x}}$，求 $\dfrac{\partial z}{\partial x},\dfrac{\partial z}{\partial y},\mathrm{d}z$.

解　由 $z=\arctan\sqrt{\dfrac{y}{x}}$，有 $z=\arctan u,u=\sqrt{v},v=\dfrac{y}{x}$.

由链式法则得

$$\frac{\partial z}{\partial x}=\frac{\partial z}{\partial u}\cdot\frac{\partial u}{\partial v}\cdot\frac{\partial v}{\partial x}=\frac{1}{1+u^2}\cdot\frac{1}{2\sqrt{v}}\cdot\left(-\frac{y}{x^2}\right)$$

$$=\frac{1}{1+\dfrac{y}{x}}\cdot\frac{1}{2\sqrt{\dfrac{y}{x}}}\cdot\left(-\frac{y}{x^2}\right)=\frac{-\sqrt{xy}}{2(x^2+xy)}$$

$$\frac{\partial z}{\partial y}=\frac{\partial z}{\partial u}\cdot\frac{\partial u}{\partial v}\cdot\frac{\partial v}{\partial y}=\frac{1}{1+u^2}\cdot\frac{1}{2\sqrt{v}}\cdot\frac{1}{x}$$

$$=\frac{1}{1+\dfrac{y}{x}}\cdot\frac{1}{2\sqrt{\dfrac{y}{x}}}\cdot\frac{1}{x}=\frac{\sqrt{x}}{2(x+y)\sqrt{y}}$$

$$\mathrm{d}z=\frac{\partial z}{\partial x}\mathrm{d}x+\frac{\partial z}{\partial y}\mathrm{d}y=\frac{-\sqrt{xy}}{2(x^2+xy)}\mathrm{d}x+\frac{\sqrt{x}}{2(x+y)\sqrt{y}}\mathrm{d}y$$

【例 8.4】 设 $z=f(x^2y^2,x^2+y^2)$，求 $\dfrac{\partial z}{\partial x},\dfrac{\partial z}{\partial y},\mathrm{d}z$.

解　由于 $z=f(x^2y^2,x^2+y^2)$，因此 $z=f(u,v),u=x^2y^2,v=x^2+y^2$.

由链式法则得

$$\frac{\partial z}{\partial x}=\frac{\partial z}{\partial u}\cdot\frac{\partial u}{\partial x}+\frac{\partial z}{\partial v}\cdot\frac{\partial v}{\partial x}=f'_u\cdot 2xy^2+f'_v\cdot 2x$$

$$\frac{\partial z}{\partial y}=\frac{\partial z}{\partial u}\cdot\frac{\partial u}{\partial y}+\frac{\partial z}{\partial v}\cdot\frac{\partial v}{\partial y}=f'_u\cdot 2yx^2+f'_v\cdot 2y$$

$$\mathrm{d}z=\frac{\partial z}{\partial x}\mathrm{d}x+\frac{\partial z}{\partial y}\mathrm{d}y=(f'_u\cdot 2xy^2+f'_v\cdot 2x)\mathrm{d}x+(f'_u\cdot 2yx^2+f'_v\cdot 2y)\mathrm{d}y$$

【例 8.5】 已知方程 $e^z+xyz=0$，且 $z=f(x,y)$，求 $\frac{\partial z}{\partial x}$，$\frac{\partial z}{\partial y}$，$dz$.

解 该方程为隐函数方程，方程两边对 x 求偏导，有

$$e^z z'_x + yz + xyz'_x = 0$$

因此 $z'_x = -\frac{yz}{e^z+xy}$，即

$$\frac{\partial z}{\partial x} = -\frac{yz}{e^z+xy}$$

同理，方程两边对 y 求偏导，有

$$e^z z'_y + xz + xyz'_y = 0$$

因此 $z'_y = -\frac{xz}{e^z+xy}$，即

$$\frac{\partial z}{\partial y} = -\frac{xz}{e^z+xy}$$

$$dz = \frac{\partial z}{\partial x}dx + \frac{\partial z}{\partial y}dy = -\frac{yz}{e^z+xy}dx - \frac{xz}{e^z+xy}dy$$

【例 8.6】 设 $z=e^{xy}$，求 $\frac{\partial^2 z}{\partial x^2}$，$\frac{\partial^2 z}{\partial y^2}$，$\frac{\partial^2 z}{\partial x\partial y}$.

解 由 $z=e^{xy}$，有 $z=e^u$，$u=xy$.

由链式法则得

$$\frac{\partial z}{\partial x} = \frac{\partial z}{\partial u}\cdot\frac{\partial u}{\partial x} = e^u\cdot y = ye^{xy},\qquad \frac{\partial z}{\partial y} = \frac{\partial z}{\partial u}\cdot\frac{\partial u}{\partial y} = e^u\cdot x = xe^{xy}$$

$$\frac{\partial^2 z}{\partial x^2} = \frac{\partial\left(\frac{\partial z}{\partial x}\right)}{\partial x} = \frac{\partial ye^{xy}}{\partial x} = y^2e^{xy},\qquad \frac{\partial^2 z}{\partial y^2} = \frac{\partial\left(\frac{\partial z}{\partial y}\right)}{\partial y} = \frac{\partial xe^{xy}}{\partial y} = x^2e^{xy}$$

$$\frac{\partial^2 z}{\partial x\partial y} = \frac{\partial\left(\frac{\partial z}{\partial x}\right)}{\partial y} = \frac{\partial ye^{xy}}{\partial y} = e^{xy} + xye^{xy}$$

【例 8.7】 设 $z=x^2f\left(y^2,\frac{1}{x}\right)$，其中 f 具有二阶连续偏导数，求 $\frac{\partial^2 z}{\partial x^2}$，$\frac{\partial^2 z}{\partial y^2}$，$\frac{\partial^2 z}{\partial x\partial y}$.

解 由题意知

$$\frac{\partial z}{\partial x} = 2xf\left(y^2,\frac{1}{x}\right) + x^2f'_v\left(y^2,\frac{1}{x}\right)\left(-\frac{1}{x^2}\right) = 2xf - f'_v$$

$$\frac{\partial z}{\partial y} = x^2f'_u\left(y^2,\frac{1}{x}\right)2y = 2yx^2f'_u$$

$$\frac{\partial^2 z}{\partial x^2}=\frac{\partial\left(\frac{\partial z}{\partial x}\right)}{\partial x}=2f-\frac{2}{x}f'_v+\frac{1}{x^2}f''_{vv}$$

$$\frac{\partial^2 z}{\partial y^2}=\frac{\partial\left(\frac{\partial z}{\partial y}\right)}{\partial y}=2x^2f'_u+4y^2x^2f''_{uu}$$

$$\frac{\partial^2 z}{\partial x\partial y}=\frac{\partial\left(\frac{\partial z}{\partial x}\right)}{\partial y}=4xyf'_u-2yf''_{vu}$$

【例 8.8】 求曲线 $x=\frac{1}{1-t}, y=t^2, z=t$ 对应 $t=-1$ 点处的切线和法平面方程.

解 由题意知，$t=-1$ 对应的点为 $\left(\frac{1}{2},1,-1\right)$，且切线的方向向量 $\boldsymbol{l}=\left(\frac{1}{(1-t)^2},2t,1\right)\Big|_{t=1}=\left(\frac{1}{4},-2,1\right)$，所以切线方程为

$$\frac{x-\frac{1}{2}}{\frac{1}{4}}=\frac{y-1}{-2}=\frac{z+1}{1}$$

法平面方程为

$$\frac{1}{4}\left(x-\frac{1}{2}\right)-2(y-1)+(z+1)=0\Rightarrow 2x-16y+8z+23=0$$

【例 8.9】 求函数 $f(x,y)=e^{x-y}(x^2-2y^2)$ 的极值.

解 由题意有

$$\begin{cases}f'_x=e^{x-y}(x^2-2y^2)+2xe^{x-y}=0\\ f'_y=-e^{x-y}(x^2-2y^2)-4ye^{x-y}=0\end{cases}$$

可得两个驻点 $(0,0)$，$(-4,-2)$.

$f(x,y)$ 的二阶偏导数为

$$f''_{xx}(x,y)=e^{x-y}(x^2-2y^2+4x+2)$$
$$f''_{xy}(x,y)=e^{x-y}(2y^2-x^2-2x-4y)$$
$$f''_{yy}(x,y)=e^{x-y}(x^2-2y^2+8y-4)$$

在驻点 $(0,0)$ 处，$A=2, B=0, C=-4, AC-B^2=-8<0$，由极值的充分条件知 $(0,0)$ 不是极值点，$f(0,0)=0$ 不是函数的极值.

在驻点 $(-4,-2)$ 处，$A=-6e^{-2}, B=8e^{-2}, C=-12e^{-2}, AC-B^2=8e^{-4}>0$，而 $A<0$，由极值的充分条件知 $(-4,-2)$ 为极大值点，$f(-4,-2)=8e^{-2}$ 是函数的极大值.

【例 8.10】 用铁皮制作有盖长方体水箱,其长、宽、高分别为 x,y,z. 若体积 $V=8$,怎样用料最省?

解 用料最省即表面积最小,且 $xyz=8$.

因为
$$S=2(xy+yz+zx)=2\left(xy+\frac{8}{x}+\frac{8}{y}\right)$$

其中,$x,y>0$.

令
$$\begin{cases}S'_x=2\left(y-\dfrac{8}{x^2}\right)=0\\ S'_y=2\left(x-\dfrac{8}{y^2}\right)=0\end{cases}$$

可得 $\begin{cases}x=2\\ y=2\end{cases}$,所以 $z=\dfrac{8}{xy}=2$.

据实际情况可知,长、宽、高均为 2 时,用料最省.

【例 8.11】 工厂生产 A,B 两种型号的产品,A 型产品的售价为 1 000 元/件,B 型产品的售价为 900 元/件,生产 A 型产品 x 件和 B 型产品 y 件的总成本为 $C(x,y)=40\ 000+200x+300y+3x^2+xy+3y^2$ 元,求 A,B 两种产品各生产多少件,利润最大?

解 设 $L(x,y)$ 为生产 A 型产品 x 件和 B 型产品 y 件时的总利润,则
$$L(x,y)=R(x,y)-C(x,y)=-3x^2-xy-3y^2+800x+600y-40\ 000$$

由
$$\begin{cases}L_x(x,y)=-6x-y+800=0\\ L_y(x,y)=-x-6y+600=0\end{cases}$$

可得 $\begin{cases}x=120\\ y=80\end{cases}$.

因为
$$A=L_{xx}(120,80)=-6<0,\quad B=L_{xy}(120,80)=-1,\quad C=L_{yy}(120,80)=-6$$
所以 $AC-B^2=35>0$.

故函数 $L(x,y)$ 在点 $(120,80)$ 取得最大值,即生产 A 型产生 120 件,B 型产品 80 件时利润最大,最大利润 $L_{\max}(x,y)=L(120,80)=32\ 000$ 元.

【例 8.12】 改变下列二次积分的积分次序.

(1) $\int_1^2 dx\int_0^{\ln x} f(x,y)dy$;　　(2) $\int_1^2 dx\int_1^{x^2} f(x,y)dy$;

(3) $\int_0^1 dy\int_{-\sqrt{1-y^2}}^{\sqrt{1-y^2}} f(x,y)dx$;　　(4) $\int_1^2 dx\int_{2-x}^{\sqrt{2x-x^2}} f(x,y)dy$.

解 (1) 所给二次积分等于二重积分 $\iint\limits_D f(x,y)d\sigma$,其中
$$D=\{(x,y)\mid 0\leqslant y\leqslant \ln x,1\leqslant x\leqslant 2\}$$
可改写为

$$D=\{(x,y)\mid 0\leqslant y\leqslant \ln 2, \mathrm{e}^y\leqslant x\leqslant 2\}$$

于是
$$\int_1^2 \mathrm{d}x\int_0^{\ln x} f(x,y)\mathrm{d}y=\int_0^{\ln 2}\mathrm{d}y\int_{\mathrm{e}^y}^2 f(x,y)\mathrm{d}x$$

(2) 所给二次积分等于二重积分$\iint\limits_D f(x,y)\mathrm{d}\sigma$,其中

$$D=\{(x,y)\mid 1\leqslant y\leqslant x^2, 1\leqslant x\leqslant 2\}$$

可改写为

$$D=\{(x,y)\mid 1\leqslant y\leqslant 4, \sqrt{y}\leqslant x\leqslant 2\}$$

于是
$$\int_1^2 \mathrm{d}x\int_1^{x^2} f(x,y)\mathrm{d}y=\int_1^4\mathrm{d}y\int_{\sqrt{y}}^2 f(x,y)\mathrm{d}x$$

(3) 所给二次积分等于二重积分$\iint\limits_D f(x,y)\mathrm{d}\sigma$,其中

$$D=\left\{(x,y)\,\middle|\,-\sqrt{1-y^2}\leqslant x\leqslant \sqrt{1-y^2}, 0\leqslant y\leqslant 2\right\}$$

可改写为

$$D=\left\{(x,y)\,\middle|\,0\leqslant y\leqslant \sqrt{1-x^2}, -1\leqslant x\leqslant 1\right\}$$

于是
$$\int_0^1 \mathrm{d}y\int_{-\sqrt{1-y^2}}^{\sqrt{1-y^2}} f(x,y)\mathrm{d}x=\int_{-1}^1\mathrm{d}x\int_0^{\sqrt{1-x^2}} f(x,y)\mathrm{d}y$$

(4) 所给二次积分等于二重积分$\iint\limits_D f(x,y)\mathrm{d}\sigma$,其中

$$D=\left\{(x,y)\,\middle|\,2-x\leqslant y\leqslant \sqrt{2x-x^2}, 1\leqslant x\leqslant 2\right\}$$

可改写为

$$D=\left\{(x,y)\,\middle|\,2-y\leqslant x\leqslant 1+\sqrt{1-y^2}, 0\leqslant y\leqslant 1\right\}$$

于是
$$\int_1^2 \mathrm{d}x\int_{2-x}^{\sqrt{2x-x^2}} f(x,y)\mathrm{d}y=\int_0^1\mathrm{d}y\int_{2-y}^{1+\sqrt{1-y^2}} f(x,y)\mathrm{d}x$$

【例 8.13】 计算二重积分$\iint\limits_D (x^2-y^2+2)\mathrm{d}x\mathrm{d}y$,$D=\{(x,y)\mid 1\leqslant x\leqslant 3, -1\leqslant y\leqslant 1\}$.

解 积分区域 D 是矩形域,既是 X 型区域又是 Y 型区域.

若按 X 型区域积分,则二重积分化为先对 y 后对 x 的累次积分,即

$$\begin{aligned}\iint\limits_D (x^2-y^2+2)\mathrm{d}x\mathrm{d}y&=\int_1^3\mathrm{d}x\int_{-1}^1 (x^2-y^2+2)\mathrm{d}y\\&=\int_1^3\left[x^2y-\frac{y^3}{3}+2y\right]_{-1}^1\mathrm{d}x\\&=\int_1^3\left(2x^2+\frac{10}{3}\right)\mathrm{d}x\\&=24\end{aligned}$$

若按 Y 型区域积分,则二重积分化为先对 x 后对 y 的累次积分 ,即

$$\begin{aligned}\iint_D (x^2-y^2+2)\,\mathrm{d}x\,\mathrm{d}y &= \int_{-1}^{1}\mathrm{d}y\int_{1}^{3}(x^2-y^2+2)\,\mathrm{d}x \\ &= \int_{-1}^{1}\left[\frac{x^3}{3}-xy^2+2x\right]_1^3\mathrm{d}y \\ &= \int_{-1}^{1}\left(\frac{38}{3}-2y^2\right)\mathrm{d}y \\ &= 24\end{aligned}$$

上述两种积分的结果是相同的.

【例 8.14】 计算二重积分 $\iint_D \mathrm{e}^{-y^2}\,\mathrm{d}x\,\mathrm{d}y$,$D$ 是由直线 $y=x$,$y=1$,$x=0$ 围成的区域.

解 若先对 y 积分,则积分化为 $\iint_D \mathrm{e}^{-y^2}\,\mathrm{d}x\,\mathrm{d}y=\int_0^1\mathrm{d}x\int_x^1\mathrm{e}^{-y^2}\,\mathrm{d}y$.

由于 e^{-y^2} 的原函数不能用初等函数表示,故上述积分难以求出.现改变积分次序,有

$$\iint_D \mathrm{e}^{-y^2}\,\mathrm{d}x\,\mathrm{d}y=\int_0^1\mathrm{d}y\int_0^y\mathrm{e}^{-y^2}\,\mathrm{d}x=\int_0^1\mathrm{e}^{-y^2}[x]_0^y\,\mathrm{d}y=\int_0^1 y\mathrm{e}^{-y^2}\,\mathrm{d}y=\frac{1}{2}\left(1-\frac{1}{\mathrm{e}}\right)$$

【例 8.15】 计算 $\iint_D (x^2+y^2-y)\,\mathrm{d}x\,\mathrm{d}y$,$D$ 是由 $y=x$,$y=\frac{1}{2}x$,$y=2$ 围成的区域.

解 若先对 y 积分,则 D 须分成两个区域.这里先对 x 积分(此区域为 Y 型区域),则

$$\begin{aligned}\iint_D (x^2+y^2-y)\,\mathrm{d}x\,\mathrm{d}y &= \int_0^2\mathrm{d}y\int_y^{2y}(x^2+y^2-y)\,\mathrm{d}x \\ &= \int_0^2\left[\frac{1}{3}x^3+xy^2-yx\right]_y^{2y}\mathrm{d}y \\ &= \int_0^2\left(\frac{10}{3}y^3-y^2\right)\mathrm{d}y \\ &= \frac{32}{3}\end{aligned}$$

【例 8.16】 计算积分 $\iint_D \mathrm{e}^{-x^2-y^2}\,\mathrm{d}x\,\mathrm{d}y$,$D$ 是圆心在原点,半径为 R 的闭圆.

解 $D=\{(x,y)\mid x^2+y^2\leqslant R^2\}$,在极坐标系下 $D=\{(r,\theta)\mid 0\leqslant r\leqslant R,0\leqslant\theta\leqslant 2\pi\}$,且 $x^2+y^2=r^2$,于是 $\iint_D \mathrm{e}^{-x^2-y^2}\,\mathrm{d}x\,\mathrm{d}y$ 变为

$$\iint_D e^{-r^2} r\mathrm{d}r\mathrm{d}\theta = \int_0^{2\pi}\mathrm{d}\theta\int_0^R r e^{-r^2}\mathrm{d}r = 2\pi\left[-\frac{1}{2}e^{-r^2}\right]_0^R = \pi(1-e^{-R^2})$$

【例 8.17】 计算二重积分$\iint_D x^2\mathrm{d}x\mathrm{d}y$，$D$ 是由圆 $x^2+y^2\leqslant 4x$ 围成的区域.

解 区域 D 在极坐标系中可表示为

$$D=\left\{(r,\theta)\,\middle|\,0\leqslant r\leqslant 2\cos\theta,-\frac{\pi}{2}\leqslant\theta\leqslant\frac{\pi}{2}\right\}$$

因此

$$\begin{aligned}\iint_D x^2\mathrm{d}x\mathrm{d}y &= \int_{-\frac{\pi}{2}}^{\frac{\pi}{2}}\cos^2\theta\mathrm{d}\theta\int_0^{2\cos\theta} r^3\mathrm{d}r\\ &= \int_{-\frac{\pi}{2}}^{\frac{\pi}{2}} 16\cos^6\theta\mathrm{d}\theta\\ &= \int_{-\frac{\pi}{2}}^{\frac{\pi}{2}} 2(\cos 2\theta+1)^3\mathrm{d}\theta\\ &= \int_{-\frac{\pi}{2}}^{\frac{\pi}{2}} 2(\cos^3 2\theta+3\cos^2 2\theta+3\cos 2\theta+1)\mathrm{d}\theta\end{aligned}$$

【例 8.18】 计算二重积分$\iint_D y\mathrm{d}x\mathrm{d}y$，$D$ 是由圆 $x^2+y^2=Rx\,(R>0,y\geqslant 0)$ 和直线 $y=x$ 围成的区域.

解 区域 D 在极坐标系中可表示为

$$D=\left\{(r,\theta)\,\middle|\,0\leqslant r\leqslant 2R\cos\theta,\frac{\pi}{4}\leqslant\theta\leqslant\frac{\pi}{2}\right\}$$

因此

$$\begin{aligned}\iint_D y\mathrm{d}x\mathrm{d}y &= \int_{\frac{\pi}{4}}^{\frac{\pi}{2}}\sin\theta\mathrm{d}\theta\int_0^{2R\cos\theta} r^2\mathrm{d}r = \int_{\frac{\pi}{4}}^{\frac{\pi}{2}}\frac{8}{3}R^3\cos^3\theta\sin\theta\mathrm{d}\theta\\ &= \int_{\frac{\pi}{4}}^{\frac{\pi}{2}} -\frac{8}{3}R^3\cos^3\theta\mathrm{d}\cos\theta = -\frac{2}{3}R^3\cos^4\theta\Big|_{\frac{\pi}{4}}^{\frac{\pi}{2}} = \frac{1}{6}R^3\end{aligned}$$

【例 8.19】 计算二重积分$\iint_D x^2\mathrm{d}x\mathrm{d}y$，其中 D 为$\frac{x^2}{a^2}+\frac{y^2}{b^2}=1$ 围成的区域.

解 令$\begin{cases}x=ar\cos\theta\\ y=br\sin\theta\end{cases}$，则

$$\iint_D x^2\mathrm{d}x\mathrm{d}y = \int_0^{2\pi}\mathrm{d}\theta\int_0^1 r^2a^2\cos^2\theta abr\mathrm{d}r = \frac{\pi}{4}a^3b$$

8.2 基础练习题

1. 求下列函数的定义域.

(1) $z=\ln(2x+y)+\arcsin 3x$;　　(2) $z=\dfrac{1}{\sqrt{x+y}}+\lg(x^2+2y)$.

2. 求下列函数的偏导数、全微分.

(1) $z=x^2y-xy$;　　(2) $z=xe^{x^2y}$;

(3) $e^z-xy-z^2=0$;　　(4) $\sin(xy)-xz=0$;

(5) $z=f(xy,x^2+y^2)$;　　(6) $z=f(e^x,x^2y)$.

3. 求下列函数的二阶偏导数.

(1) $z=x\sin(x^2y)$;　　(2) $z=x^2e^{xy}$.

4. 求函数 $z=-x^2-y^2+2y+3x$ 的极值.

5. 变换下列函数的积分次序.

(1) $\int_0^4 dx\int_0^{\sqrt{x}} f(x,y)dy$;

(2) $\int_0^1 dy\int_y^{\sqrt{y}} f(x,y)dx$;

(3) $\int_0^1 dx\int_{-\sqrt{x}}^{\sqrt{x}} f(x,y)dy+\int_1^4 dx\int_{x-2}^{\sqrt{x}} f(x,y)dy$;

(4) $\int_0^1 dy\int_0^{2y} f(x,y)dx+\int_1^3 dy\int_0^{3-y} f(x,y)dx$.

6. 在直角坐标系下求下列二重积分.

(1) 计算$\iint\limits_D xy\,d\sigma$,其中 D 为矩形闭区域:$-1\leqslant x\leqslant 2$,$-1\leqslant y\leqslant 0$.

(2) 计算$\iint\limits_D xy^2\,dx\,dy$,其中 D 是由两条抛物线 $y=2x$、$y=x$ 及 $x=1$ 围成的闭区域.

(3) 计算$\iint\limits_D \dfrac{x}{y^2}\,dx\,dy$,其中 D 是由曲线 $xy=1$ 和直线 $y=x$、$x=2$ 围成的区域.

7. 在极坐标下求下列二重积分.

(1) 计算二重积分$\iint\limits_D (x^2+y^2)\,d\sigma$,其中 D:$x^2+y^2=4$.

(2) 计算二重积分$\iint\limits_D \sqrt{x^2+y^2}\,d\sigma$,其中 D:$x^2+y^2\leqslant -4x$.

(3) 计算二重积分$\iint\limits_D (\sqrt{x^2+y^2}+y)\,dx\,dy$,其中 D 是由圆 $x^2+y^2=4$ 与

$(x+1)^2+y^2=1$ 围成的平面区域.

8.3　同步提高自测题

8.3.1　同步提高自测题 A

一、填空题.

1. 极限 $\lim\limits_{\substack{x\to 0\\ y\to \frac{\pi}{4}}}\dfrac{\sin(xy)}{x}=$________.

2. 设 $z=\sin(x-y)+y$,则 $\left.\dfrac{\partial z}{\partial x}\right|_{\substack{x=2\\ y=1}}=$________.

3. 设 $e^z-z+xy=0$,则 $dz=$________.

4. 函数 $z=2x^2-3y^2-4x-6y-1$ 的驻点是________.

5. 设区域 $D:1\leqslant x^2+y^2\leqslant 9$,则 $\iint\limits_D 2\,dx\,dy=$________.

6. 交换积分次序:$\int_0^1 dy\int_0^y f(x,y)dx+\int_1^2 dy\int_0^{2-y} f(x,y)dx=$________.

二、选择题.

1. $\lim\limits_{\substack{x\to 0\\ y\to 1}}\dfrac{\ln(y+e^{x^2})}{\sqrt{x^2+y^2}}=($　　$)$.

A. -2　　B. 2　　C. $-\ln 2$　　D. $\ln 2$

2. 设 $z=\arctan\dfrac{y}{x}$,则 $\left.\dfrac{\partial z}{\partial x}\right|_{\substack{x=1\\ y=-1}}=($　　$)$.

A. $\dfrac{1}{2}$　　B. $-\dfrac{1}{2}$　　C. 1　　D. -1

3. 函数 $z=f(x,y)$ 在点 (x_0,y_0) 处具有偏导数是它在该点存在全微分的(　　).

A. 必要而非充分条件　　B. 充分而非必要条件

C. 充分必要条件　　D. 既非充分又非必要条件

4. 二元函数 $z=3(x+y)-x^3-y^3$ 的极值点是(　　).

A. $(1,2)$　　B. $(1,-2)$　　C. $(-1,2)$　　D. $(-1,-1)$

5. 二重积分 $\iint\limits_D xy\,dx\,dy$,其中 $D:0\leqslant y\leqslant x^2,0\leqslant x\leqslant 1$ 的值为(　　).

A. $\dfrac{1}{6}$　　B. $\dfrac{1}{12}$　　C. $\dfrac{1}{2}$　　D. $\dfrac{1}{4}$

三、计算题.

1. 求下列函数的极限.

(1) $\lim\limits_{\substack{x\to 0\\ y\to 0}}\dfrac{2-\sqrt{xy+4}}{xy}$;　　(2) $\lim\limits_{\substack{x\to 0\\ y\to 0}}\dfrac{xye^x}{4-\sqrt{16+xy}}$.

2. 设 $z=x^y\ln(xy)$,求 $\dfrac{\partial z}{\partial x}$,$\dfrac{\partial z}{\partial y}$,$dz$.

3. 已知方程 $xyz=xy+yz+xz$ 所确定,且 $z=f(x,y)$,求 $\dfrac{\partial^2 z}{\partial x^2}$,$\dfrac{\partial^2 z}{\partial y^2}$,$\dfrac{\partial^2 z}{\partial x\partial y}$.

4. 求由方程 $x^2+y^2+z^2-2x+2y-4z-10=0$ 确定的函数 $z=f(x,y)$ 的极值.

5. 已知某工厂生产某产品数量 L(t)与所用两种原料 A、B 的数量 x、y(t)间的关系式 $L(x,y)=x^2y$. 现公司拟准备用 300 万元采购原料,已知 A、B 原料每吨单价分别为2 万元和 1 万元,问两种原料各购进多少,才能使生产的数量最多?

四、在直角坐标系下计算下列二重积分.

1. $\iint\limits_D(1+x+2y)\,d\sigma$,其中 D 为矩形闭区域:$0\leqslant x\leqslant 2,0\leqslant y\leqslant 1$.

2. $\iint\limits_D(x\sqrt{y})\,dx\,dy$,其中 D 是由抛物线 $y=\sqrt{x}$ 和 $y=x^2$ 围成的闭区域.

3. $\iint\limits_D\dfrac{x^2}{y^2}d\sigma$,其中 D 是由直线 $x=2$,$y=x$ 及 $xy=1$ 围成的区域.

五、在极坐标系下计算下列二重积分.

1. 计算二重积分 $\iint\limits_D\sqrt{x^2+y^2}\,d\sigma$,其中 $D:x^2+y^2=a^2$;

2. 计算二重积分 $\iint\limits_D x\,d\sigma$,其中 $D:x^2+y^2\leqslant 4x$.

8.3.2 同步提高自测题 B

一、填空题.

1. 函数 $z=\dfrac{1}{\ln(x+y)}+\arccos(x+y)$ 的定义域为________________.

2. 已知平面 $2x+y-2z+3=0$,则该平面与 Oxy 面夹角的余弦值为________.

3. 已知平面 $\dfrac{x}{1}=\dfrac{y-3}{2}=\dfrac{z-1}{-2}$,则点 $(1,0,1)$ 到该平面的距离为________.

4. 设 $z=f(e^{xy})$,且 $f(u)$ 可导,则 $\dfrac{\partial^2 z}{\partial x\partial y}=$________.

5. 若 D 是以$(0,0)$,$(1,0)$及$(0,1)$为顶点的三角形区域,由二重积分的几何意义知$\iint\limits_D(1-x-y)\mathrm{d}x\mathrm{d}y=$________.

6. 交换积分次序：$\int_0^1\mathrm{d}y\int_{-1}^{y-1}f(x,y)\mathrm{d}x+\int_1^{\sqrt{2}}\mathrm{d}y\int_{-1}^{-\sqrt{y^2-1}}f(x,y)\mathrm{d}x=$________.

二、选择题.

1. 设 $z=\ln(x^2+y^2)$，则$\dfrac{\partial z}{\partial y}=$(　　).

A. $\dfrac{1}{x^2+y^2}$　　B. $\dfrac{2y}{x^2+y^2}$　　C. $\dfrac{2}{x+y}$　　D. $\dfrac{2x+2y}{x^2+y^2}$

2. 下列说法正确的是(　　).

A. $z=f(x,y)$在点(x_0,y_0)的偏导数存在则必然可微

B. $z=f(x,y)$在点(x_0,y_0)的偏导数存在则必然连续

C. (x_0,y_0)是函数 $z=f(x,y)$的驻点，则必然是极值点

D. 以上说法均不正确

3. 设函数 $z=f(x,y)$具有二阶连续偏导数，在 $P_0(x_0,y_0)$处，有 $f_x(P_0)=0$，$f_y(P_0)=0$，$f_{xx}(P_0)=f_{yy}(P_0)=0$，$f_{xy}(P_0)=f_{yx}(P_0)=2$，则(　　).

A. 点 P_0 是函数 z 的极大值点　　B. 点 P_0 非函数 z 的极值点

C. 点 P_0 是函数 z 的极小值点　　D. 条件不够，无法判定

4. 若区域 D：$|x|\leqslant 1$，$|y|\leqslant 1$，则$\iint\limits_D x\mathrm{e}^{\cos(xy)}\sin(xy)\mathrm{d}x\mathrm{d}y=$(　　).

A. 0　　B. e^{-1}　　C. π　　D. e

三、计算题.

1. 求下列函数的极限.

(1) $\lim\limits_{\substack{x\to 0\\ y\to 0}}(\sqrt[3]{x}+y)\sin\dfrac{1}{x}\cos\dfrac{1}{y}$；　　(2) $\lim\limits_{\substack{x\to\infty\\ y\to a}}\left(1+\dfrac{1}{xy}\right)^{\frac{x^2}{x+y}}$.

2. 已知方程 $\mathrm{e}^{xy}+\sin z-z=0$ 且 $z=f(x,y)$所确定，求$\dfrac{\partial z}{\partial x}$，$\dfrac{\partial z}{\partial y}$，$\mathrm{d}z$.

3. 设 $z=f(u,v)$，$u=x\mathrm{e}^y$，$v=x^2$，求$\dfrac{\partial^2 z}{\partial x^2}$，$\dfrac{\partial^2 z}{\partial y^2}$，$\dfrac{\partial^2 z}{\partial x\partial y}$.

4. 某公司可通过电台及报纸两种方式做销售某商品的广告.根据统计资料，销售收入$R(x,y)$(万元)与电台广告费用 x(万元)、报纸广告费用 y(万元)及报纸费用万元之间的关系为如下的经验公式：

$$R(x,y)=15+14x+32y-8xy-2x^2-10y^2$$

(1) 在广告费用不限的情况下，求最优广告策略；

(2) 若提供的广告费用为 1.5 万元，求相应的最优广告策略.

四、在直角坐标系下计算二重积分.

1. 计算$\iint\limits_{D}(x-y^2)\mathrm{d}x\,\mathrm{d}y$,其中$D$:$0\leqslant y\leqslant \sin x,0\leqslant x\leqslant \pi$.

2. 计算$\iint\limits_{D}x\,\mathrm{d}x\,\mathrm{d}y$,其中$D$是由抛物线$y=\frac{1}{2}x^2$和直线$y=x+4$围成的区域.

3. $\iint\limits_{D}\frac{\sin y}{y}\mathrm{d}\sigma$,其中$D$是由直线$y=x$和抛物线$x=y^2$围成的区域.

五、在极坐标系下计算下列二重积分.

1. 计算$\iint\limits_{D}|y|\,\mathrm{d}x\,\mathrm{d}y$,其中$D$:$\frac{x^2}{a^2}+\frac{y^2}{b^2}\leqslant 1$.

2. 计算$\iint\limits_{D}\arctan\frac{y}{x}\mathrm{d}\sigma$,其中$D$为圆$x^2+y^2=4$与直线$y=x,y=0$围成的第一象限内的区域.

六、证明题.

已知$z=\mathrm{e}^{-\left(\frac{1}{x}+\frac{1}{y}\right)}$,证明:$x^2\frac{\partial z}{\partial x}+y^2\frac{\partial z}{\partial y}=2z$.

第 9 章　线性代数

知识框架

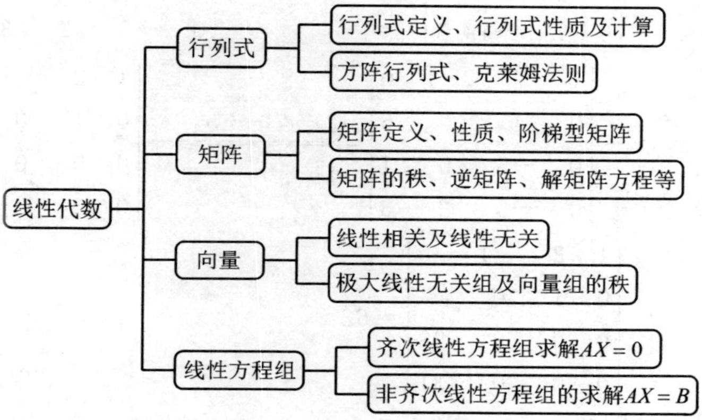

9.1　典型例题

【例 9.1】 计算行列式 $D=\begin{vmatrix} a+b+2c & a & b \\ c & b+c+2a & b \\ c & a & c+a+2b \end{vmatrix}$.

解

$$D=\begin{vmatrix} a+b+2c & a & b \\ c & b+c+2a & b \\ c & a & c+a+2b \end{vmatrix} \xlongequal{c_1+c_2+c_3}$$

$$\begin{vmatrix} 2a+2b+2c & a & b \\ 2a+2b+2c & b+c+2a & b \\ 2a+2b+2c & a & c+a+2b \end{vmatrix} =$$

$$(2a+2b+2c)\begin{vmatrix} 1 & a & b \\ 1 & b+c+2a & b \\ 1 & a & c+a+2b \end{vmatrix} \xlongequal[c_3-c_1]{c_2-c_1}$$

$$(2a+2b+2c)\begin{vmatrix} 1 & a & b \\ 0 & b+c+a & 0 \\ 0 & 0 & c+a+b \end{vmatrix} =$$

$$2(a+b+c)^3$$

【例 9.2】 计算行列式 $D=\begin{vmatrix}1&2&-1&0\\3&0&-3&1\\0&1&0&5\\6&7&-4&3\end{vmatrix}$.

解 $$D=\begin{vmatrix}1&2&-1&0\\3&0&-3&1\\0&1&0&5\\6&7&-4&3\end{vmatrix}\xlongequal{r_2-3r_1,r_4-6r_1}\begin{vmatrix}1&2&-1&0\\0&-6&0&1\\0&1&0&5\\0&-5&2&3\end{vmatrix}\xlongequal{r_2\leftrightarrow r_3}$$

$$-\begin{vmatrix}1&2&-1&0\\0&1&0&5\\0&-6&0&1\\0&-5&2&3\end{vmatrix}\xlongequal{r_3+6r_1,r_4+5r_1}-\begin{vmatrix}1&2&-1&0\\0&1&0&5\\0&0&0&31\\0&0&2&28\end{vmatrix}\xlongequal{r_4\leftrightarrow r_3}$$

$$\begin{vmatrix}1&2&-1&0\\0&1&0&5\\0&0&2&28\\0&0&0&31\end{vmatrix}=62$$

【例 9.3】 已知矩阵 $\boldsymbol{A}=\boldsymbol{PQ}$,其中 $\boldsymbol{P}=[-1\quad 2\quad 3]^{\mathrm{T}}$,$\boldsymbol{Q}=[2\quad -1\quad 3]$,求矩阵 $\boldsymbol{A}$,$\boldsymbol{A}^n$.

解 $\boldsymbol{A}=\boldsymbol{PQ}=\begin{bmatrix}-1\\2\\3\end{bmatrix}[2\quad -1\quad 3]=\begin{bmatrix}-1&2&-3\\4&-2&6\\6&-3&9\end{bmatrix}$.

因 $\boldsymbol{QP}=(2\quad -1\quad 3)\begin{bmatrix}-1\\2\\3\end{bmatrix}=5$,所以

$$\begin{aligned}\boldsymbol{A}^n&=(\boldsymbol{PQ})(\boldsymbol{PQ})\cdots(\boldsymbol{PQ})\\&=\boldsymbol{P}(\boldsymbol{QP})(\boldsymbol{QP})\cdots(\boldsymbol{QP})\boldsymbol{Q}=5^{n-1}\boldsymbol{PQ}\\&=5^{n-1}\begin{bmatrix}-1&2&-3\\4&-2&6\\6&-3&9\end{bmatrix}\end{aligned}$$

【例 9.4】 设矩阵 $\boldsymbol{A}=\begin{bmatrix}-1&0&1\\1&3&4\\0&2&-1\end{bmatrix}$,$\boldsymbol{B}=\begin{bmatrix}5&1\\0&1\\2&-1\end{bmatrix}$,计算 $\boldsymbol{AB}$.

解 $$\boldsymbol{AB}=\begin{bmatrix}-1&0&1\\1&3&4\\0&2&-1\end{bmatrix}\begin{bmatrix}5&1\\0&1\\2&-1\end{bmatrix}$$

$$=\begin{bmatrix} -1\times5+0\times0+1\times2 & -1\times1+0\times1+1\times(-1) \\ 1\times5+3\times0+4\times2 & 1\times1+3\times1+4\times(-1) \\ 0\times5+2\times0+(-1)\times2 & 0\times1+2\times1+(-1)\times(-1) \end{bmatrix}$$

$$=\begin{bmatrix} -3 & -2 \\ 13 & 0 \\ -2 & 3 \end{bmatrix}$$

【例 9.5】 已知 $\boldsymbol{A}=\begin{bmatrix} 1 & 2 & 2 & 4 \\ 0 & 1 & 1 & 1 \\ 3 & 6 & 8 & 8 \\ 0 & 2 & 4 & 5 \end{bmatrix}$,求矩阵的秩.

解 由于 $\boldsymbol{A}=\begin{bmatrix} 1 & 2 & 2 & 4 \\ 0 & 1 & 1 & 1 \\ 3 & 6 & 8 & 8 \\ 0 & 2 & 4 & -2 \end{bmatrix}\xrightarrow{r_3-3r_1}\begin{bmatrix} 1 & 2 & 2 & 4 \\ 0 & 1 & 1 & 1 \\ 0 & 0 & 2 & -4 \\ 0 & 2 & 4 & -2 \end{bmatrix}\xrightarrow{r_4-2r_2}$

$$\begin{bmatrix} 1 & 2 & 2 & 4 \\ 0 & 1 & 1 & 1 \\ 0 & 0 & 2 & -4 \\ 0 & 0 & 2 & -4 \end{bmatrix}\xrightarrow{r_4-r_3}\begin{bmatrix} 1 & 2 & 2 & 4 \\ 0 & 1 & 1 & 1 \\ 0 & 0 & 2 & -4 \\ 0 & 0 & 0 & 0 \end{bmatrix}$$

因此矩阵的秩为 3.

【例 9.6】 对矩阵 $\boldsymbol{A}=\begin{bmatrix} 1 & -1 & -1 & 1 & 0 \\ 1 & -1 & 1 & -3 & 4 \\ 2 & -2 & -4 & 6 & -1 \\ 3 & -3 & -3 & 3 & 0 \end{bmatrix}$初等行变换化,使其变为阶梯形矩阵及行简化阶梯形矩阵.

解 $\boldsymbol{A}=\begin{bmatrix} 1 & -1 & -1 & 1 & 0 \\ 1 & -1 & 1 & -3 & 4 \\ 2 & -2 & -4 & 6 & -1 \\ 3 & -3 & -3 & 3 & 0 \end{bmatrix}\xrightarrow[r_4-3r_1]{r_2-r_1,r_3-2r_1}$

$$\begin{bmatrix} 1 & -1 & -1 & 1 & 0 \\ 0 & 0 & 2 & -4 & 4 \\ 0 & 0 & -2 & 4 & -1 \\ 0 & 0 & 0 & 0 & 0 \end{bmatrix}\xrightarrow{r_3+r_2}$$

$$\begin{bmatrix} 1 & -1 & -1 & 1 & 0 \\ 0 & 0 & 2 & -4 & 4 \\ 0 & 0 & 0 & 0 & 3 \\ 0 & 0 & 0 & 0 & 0 \end{bmatrix}=\boldsymbol{B}$$

矩阵 $\boldsymbol{B}$ 就是矩阵 $\boldsymbol{A}$ 的阶梯形矩阵. 对阶梯形矩阵 $\boldsymbol{B}$ 继续作初等行变换：

$$\boldsymbol{B}=\begin{bmatrix}1&-1&-1&1&0\\0&0&2&-4&4\\0&0&0&0&3\\0&0&0&0&0\end{bmatrix}\xrightarrow[r_3\times\frac{1}{3}]{r_2\times\frac{1}{2}}\begin{bmatrix}1&-1&-1&1&0\\0&0&1&-2&2\\0&0&0&0&1\\0&0&0&0&0\end{bmatrix}$$

$$\xrightarrow{r_2-2r_3}\begin{bmatrix}1&-1&-1&1&0\\0&0&1&-2&0\\0&0&0&0&1\\0&0&0&0&0\end{bmatrix}\xrightarrow{r_1+r_2}\begin{bmatrix}1&-1&0&-1&0\\0&0&1&-2&0\\0&0&0&0&1\\0&0&0&0&0\end{bmatrix}=\boldsymbol{C}$$

矩阵 $\boldsymbol{C}$ 就是矩阵 $\boldsymbol{A}$ 的行简化阶梯形矩阵.

【例 9.7】 若 $\boldsymbol{A}^{-1}=\begin{bmatrix}1&2&1\\a&1&1\\2&3&2\end{bmatrix}$,且 $|\boldsymbol{A}|=-1$,求常数 a.

解 由于 $|\boldsymbol{A}^{-1}|=\dfrac{1}{|\boldsymbol{A}|}=-1$,且 $|\boldsymbol{A}^{-1}|=\begin{vmatrix}1&2&1\\a&1&1\\2&3&2\end{vmatrix}=2+4+3a-3-2-4a=$ $1-a=-1$,因此 $a=2$.

【例 9.8】 求向量组 $\boldsymbol{\alpha}_1=(2,0,2,2)$,$\boldsymbol{\alpha}_2=(-2,-2,0,1)$,$\boldsymbol{\alpha}_3=(1,1,0,2)$,$\boldsymbol{\alpha}_4=(0,-2,2,3)$的秩,并指出它的一个极大无关组.

解 将 $\boldsymbol{\alpha}_1,\boldsymbol{\alpha}_2,\boldsymbol{\alpha}_3,\boldsymbol{\alpha}_4$ 以列向量形式构成矩阵,并对其进行初等行变换,有

$$(\boldsymbol{\alpha}_1^{\mathrm{T}},\boldsymbol{\alpha}_2^{\mathrm{T}},\boldsymbol{\alpha}_3^{\mathrm{T}},\boldsymbol{\alpha}_4^{\mathrm{T}})=\begin{bmatrix}2&-2&1&0\\0&-2&1&-2\\2&0&0&2\\2&1&2&3\end{bmatrix}\longrightarrow\begin{bmatrix}2&-2&1&0\\0&-2&1&-2\\0&2&-1&2\\0&3&1&3\end{bmatrix}\longrightarrow$$

$$\begin{bmatrix}2&-2&1&0\\0&-2&1&-2\\0&0&0&0\\0&0&\frac{5}{2}&0\end{bmatrix}\longrightarrow\begin{bmatrix}2&-2&1&0\\0&-2&1&-2\\0&0&1&0\\0&0&0&0\end{bmatrix}$$

从而,该向量组的秩 $\mathrm{r}(\boldsymbol{\alpha}_1,\boldsymbol{\alpha}_2,\boldsymbol{\alpha}_3,\boldsymbol{\alpha}_4)=3$,其中一个极大无关组为 $\boldsymbol{\alpha}_1,\boldsymbol{\alpha}_2,\boldsymbol{\alpha}_3$.

【例 9.9】 求矩阵 $\boldsymbol{A}=\begin{bmatrix}0&-2&1\\3&0&-2\\-2&3&0\end{bmatrix}$的逆矩阵 $\boldsymbol{A}^{-1}$.

$$(\boldsymbol{A}\,\vdots\,\boldsymbol{E})=\left[\begin{array}{ccc:ccc}0&-2&1&1&0&0\\3&0&-2&0&1&0\\-2&3&0&0&0&1\end{array}\right]\longrightarrow\left[\begin{array}{ccc:ccc}0&-2&1&1&0&0\\1&3&-2&0&1&1\\-2&3&0&0&0&1\end{array}\right]\longrightarrow$$

$$\left[\begin{array}{ccc:ccc}0&-2&1&1&0&0\\1&3&-2&0&1&1\\0&9&-4&0&2&3\end{array}\right]\longrightarrow\left[\begin{array}{ccc:ccc}0&-2&1&1&0&0\\1&3&-2&0&1&1\\0&1&0&4&2&3\end{array}\right]\longrightarrow$$

$$\left[\begin{array}{ccc:ccc}0&0&1&9&4&6\\1&0&-2&-12&-5&-8\\0&1&0&4&2&3\end{array}\right]\longrightarrow$$

$$\left[\begin{array}{ccc:ccc}0&0&1&9&4&6\\1&0&0&6&3&4\\0&1&0&4&2&3\end{array}\right]\longrightarrow\left[\begin{array}{ccc:ccc}1&0&0&6&3&4\\0&1&0&4&2&3\\0&0&1&9&4&6\end{array}\right]$$

故 $\boldsymbol{A}^{-1}=\begin{bmatrix}6&3&4\\4&2&3\\9&4&6\end{bmatrix}$.

【例 9.10】 求齐次方程组 $\begin{cases}x_1-2x_2+4x_3-7x_4=0\\2x_1+x_2-2x_3+x_4=0\\3x_1-x_2+2x_3-4x_4=0\end{cases}$ 的通解.

解 由题意可得系数矩阵：

$$\boldsymbol{A}=\begin{bmatrix}1&-2&4&-7\\2&1&-2&1\\3&-1&2&-4\end{bmatrix}\longrightarrow\begin{bmatrix}1&-2&4&-7\\0&5&-10&15\\0&5&-10&17\end{bmatrix}\longrightarrow$$

$$\begin{bmatrix}1&-2&4&-7\\0&1&-2&3\\0&0&0&2\end{bmatrix}\longrightarrow\begin{bmatrix}1&0&0&0\\0&1&-2&0\\0&0&0&1\end{bmatrix}$$

由此得 $\begin{cases}x_1=0\\x_2=2x_3\\x_4=0\end{cases}$，取 $x_3=1$，因此齐次线性方程组的通解为 $\boldsymbol{X}=k(0,2,1,0)^{\mathrm{T}}$.

【例 9.11】 求齐次线性方程组 $\begin{cases}x_1+2x_2+x_3-x_4=0\\3x_1+6x_2-x_3-3x_4=0\\5x_1+10x_2+x_3-5x_4=0\end{cases}$ 的通解.

解 把系数矩阵化成行最简形：

$$\boldsymbol{A}=\begin{bmatrix}1&2&1&-1\\3&6&-1&-3\\5&10&1&-5\end{bmatrix}\xrightarrow[r_3-5r_1]{r_2-3r_1}\begin{bmatrix}1&2&1&-1\\0&0&-4&0\\0&0&-4&0\end{bmatrix}\xrightarrow[\substack{r_3+4r_2\\r_1-r_2}]{r_2\times\left(-\frac{1}{4}\right)}\begin{bmatrix}1&2&0&-1\\0&0&1&0\\0&0&0&0\end{bmatrix}$$

因此原方程组变为 $\begin{cases}x_1=-2x_2+x_4\\x_3=0\end{cases}$，取 $\begin{bmatrix}x_2\\x_4\end{bmatrix}=\begin{bmatrix}1\\0\end{bmatrix}$ 和 $\begin{bmatrix}0\\1\end{bmatrix}$ 可求得原方程组的解：

$$\boldsymbol{x}=k_1(-2,1,0,0)^{\mathrm{T}}+k_2(1,0,0,1)^{\mathrm{T}}$$

其中,k_1,k_2为任意实数.

【例 9.12】 求非齐次线性方程组

$$\begin{cases} x_1-x_2-3x_3+3x_4=2 \\ 2x_1-3x_2-7x_3+8x_4=3 \\ -x_1-x_2+x_3+x_4=-4 \end{cases}$$

的向量形式的通解.

解 对该非齐次线性方程组的增广矩阵进行初等行变换,有

$$\begin{bmatrix} 1 & -1 & -3 & 3 & 2 \\ 2 & -3 & -7 & 8 & 3 \\ -1 & -1 & 1 & 1 & -4 \end{bmatrix} \longrightarrow \begin{bmatrix} 1 & -1 & -3 & 3 & 2 \\ 0 & -1 & -1 & 2 & -1 \\ 0 & -2 & -2 & 4 & -2 \end{bmatrix} \longrightarrow$$

$$\begin{bmatrix} 1 & 0 & -2 & 1 & 3 \\ 0 & -1 & -1 & 2 & -1 \\ 0 & 0 & 0 & 0 & 0 \end{bmatrix} \longrightarrow \begin{bmatrix} 1 & 0 & -2 & 1 & 3 \\ 0 & 1 & 1 & -2 & 1 \\ 0 & 0 & 0 & 0 & 0 \end{bmatrix}$$

因此原非齐次线性方程组的一般解为

$$\begin{cases} x_1=2x_3-x_4+3 \\ x_2=-x_3+2x_4+1 \end{cases}$$

其中,x_3和x_4为自由未知量.

取$\begin{bmatrix} x_3 \\ x_4 \end{bmatrix}=\begin{bmatrix} 0 \\ 0 \end{bmatrix}$,并代入一般解,可得原非齐次线性方程组的一个特解:

$$\boldsymbol{X}_0=(3,1,0,0)^{\mathrm{T}};$$

又由于原非齐次线性方程组的对应齐次线性方程组的一般解为

$$\begin{cases} x_1=2x_3-x_4 \\ x_2=-x_3+2x_4 \end{cases}$$

其中,x_3和x_4为自由未知量.

取$\begin{bmatrix} x_3 \\ x_4 \end{bmatrix}=\begin{bmatrix} 1 \\ 0 \end{bmatrix}$和$\begin{bmatrix} x_3 \\ x_4 \end{bmatrix}=\begin{bmatrix} 0 \\ 1 \end{bmatrix}$,并分别代入一般解,可得基础解系:

$$\boldsymbol{X}_1=(2,-1,1,0)^{\mathrm{T}}, \quad \boldsymbol{X}_2=(-1,2,0,1)^{\mathrm{T}}$$

因此原非齐次线性方程组的向量形式的通解为

$$\boldsymbol{X}=k_1\boldsymbol{X}_1+k_2\boldsymbol{X}_2+\boldsymbol{X}_0$$

其中,k_1,k_2为任意常数.

【例 9.13】 已知线性方程组$\begin{cases} x_1+2x_2+x_3=1 \\ 2x_1+3x_2+(a+2)x_3=3 \\ x_1+ax_2-2x_3=0 \end{cases}$,若线性方程组无解,求常数$a$.

解 由题意得增广矩阵:

$$(\boldsymbol{A} \vdots \boldsymbol{B})=\begin{bmatrix}1&2&1&1\\2&3&a+2&3\\1&a&-2&0\end{bmatrix}\longrightarrow\begin{bmatrix}1&2&1&1\\0&-1&a&1\\0&a-2&-3&-1\end{bmatrix}\longrightarrow$$

$$\begin{bmatrix}1&2&1&1\\0&-1&a&1\\0&0&-3+a(a-2)&-1+a-2\end{bmatrix}$$

若线性方程组无解，则必有 $\mathrm{r}(\boldsymbol{A})\neq\mathrm{r}(\boldsymbol{A} \vdots \boldsymbol{B})$

此时，$a^2-2a-3=0,a-3\neq0$，即 $a=-1$.

【例 9.14】 已知非齐次线性方程组 $\begin{cases}(1+\lambda)x_1+x_2+x_3=0\\x_1+(1+\lambda)x_2+x_3=3\\x_1+x_2+(1+\lambda)x_3=\lambda\end{cases}$，当 λ 为何值时，方程组有唯一解，无解，无穷解；并在无穷解时求出其通解.

解　由题意有

$$(\boldsymbol{A} \vdots b)=\begin{bmatrix}1+\lambda&1&1&0\\1&1+\lambda&1&3\\1&1&1+\lambda&\lambda\end{bmatrix}\xrightarrow{r_1\leftrightarrow r_3}\begin{bmatrix}1&1&1+\lambda&\lambda\\1&1+\lambda&1&3\\1+\lambda&1&1&0\end{bmatrix}\xrightarrow[r_3-(1+\lambda)r_1]{r_2-r_1}$$

$$\begin{bmatrix}1&1&1+\lambda&\lambda\\0&\lambda&-\lambda&3-\lambda\\0&-\lambda&1-(1+\lambda)^2&-\lambda(\lambda+1)\end{bmatrix}\xrightarrow{r_3+r_2}$$

$$\begin{bmatrix}1&1&1+\lambda&\lambda\\0&\lambda&-\lambda&3-\lambda\\0&0&-\lambda(\lambda+3)&(1-\lambda)(\lambda+3)\end{bmatrix}$$

因此可知：

(1) 当 $\lambda\neq0$ 且 $\lambda\neq-3$ 时，$\mathrm{r}(\boldsymbol{A})=\mathrm{r}(\boldsymbol{A}|b)=3$，方程组有唯一解.

(2) 当 $\lambda=0$ 时，$\mathrm{r}(\boldsymbol{A})=1<\mathrm{r}(\boldsymbol{A}|b)=2$，方程组无解.

(3) 当 $\lambda=-3$ 时，$\mathrm{r}(\boldsymbol{A})=\mathrm{r}(\boldsymbol{A}|b)=2$，方程组有无穷解.

又因为

$$(\boldsymbol{A} \vdots b)=\begin{bmatrix}1&1&-2&-3\\0&-3&3&6\\0&0&0&0\end{bmatrix}\xrightarrow{-\frac{1}{3}r_2}\begin{bmatrix}1&0&-1&-1\\0&1&-1&-2\\0&0&0&0\end{bmatrix}$$

所以原非齐次线性方程组的一般解为

$$\begin{cases}x_1=x_3-1\\x_2=x_3-2\end{cases}$$

其中，x_3 为自由未知量.

取 $x_3=0$，并代入其中，可得原非齐次线性方程组的一个特解：$\boldsymbol{X}_0=$

$(-1,-2,0)^{\mathrm{T}}$;取 $x_3=1$,并代入其中,可得原齐次线性方程组的一个通解:$\boldsymbol{X}_1=(1,1,1)^{\mathrm{T}}$.

因此,原非齐次线性方程组的向量形式的通解为

$$\boldsymbol{X}=k\boldsymbol{X}_1+\boldsymbol{X}_0$$

其中,k 为任意常数.

9.2 基础练习题

一、填空题.

1. 已知行列式 $D=\begin{vmatrix}2 & 0 & 1\\ 1 & -4 & -1\\ -1 & 8 & 3\end{vmatrix}$,则代数余子式 $A_{32}=$________,行列式的值=________.

2. 已知对称矩阵 $\boldsymbol{A}=\begin{bmatrix}1 & 1 & 1 & 1\\ 1 & 2 & 2 & 2\\ 1 & 2 & 3 & 3\\ a & b & c & 4\end{bmatrix}$,则 $a+b+c=$________.

3. 设 $\boldsymbol{A}$ 为三阶方阵,且 $|\boldsymbol{A}|=2$,则 $|3\boldsymbol{A}^{-1}-2\boldsymbol{A}^*|=$________.

4. 已知矩阵 $\boldsymbol{A}=\begin{bmatrix}1 & 0\\ 0 & 2\end{bmatrix}$,则 $\boldsymbol{A}^n=$________.

5. 已知 $\boldsymbol{A}=\begin{bmatrix}1 & 1\\ 0 & -1\end{bmatrix}$,$\boldsymbol{B}=\begin{bmatrix}3 & 1\\ 2 & 1\end{bmatrix}$,则 $|\boldsymbol{BA}|=$________.

6. 已知齐次线性方程组 $\begin{cases}x_1+x_2+tx_3=0\\ x_1-x_2+2x_3=0\\ -x_1+tx_2+x_3=0\end{cases}$ 有非零解,则 $t=$________.

二、选择题.

1. 若 $\begin{vmatrix}a_{11} & a_{12}\\ a_{21} & a_{22}\end{vmatrix}=2$,$\begin{vmatrix}a_{13} & a_{11}\\ a_{23} & a_{21}\end{vmatrix}=3$,则 $\begin{vmatrix}a_{11} & a_{12}+a_{13}\\ a_{21} & a_{22}+a_{23}\end{vmatrix}=$( ).

A. -1 B. 2 C. 0 D. 1

2. 设矩阵 $\boldsymbol{B}=\begin{bmatrix}1 & 1 & 1\\ 1 & 2 & 4\\ 2 & 3 & 5\end{bmatrix}$,则矩阵的秩为( ).

A. -1 B. 2 C. 0 D. $\dfrac{1}{2}$

3. 设 $\boldsymbol{A}$ 是一个 4 阶方阵,且 $|\boldsymbol{A}|=-2$,则 $|-2\boldsymbol{A}|=$( ).

A. -8 B. 32 C. -32 D. 8

三、计算题.

1. 求行列式 $D=\begin{vmatrix} -1 & 1 & 2 & 3 \\ 1 & -1 & 2 & 3 \\ 1 & 2 & -1 & 3 \\ 1 & 2 & 3 & -1 \end{vmatrix}$ 的值.

2. 已知 $\boldsymbol{A}=\begin{bmatrix} 2 & 5 \\ 1 & 3 \end{bmatrix}$，$\boldsymbol{B}=\begin{bmatrix} 3 & -3 \\ 1 & -1 \end{bmatrix}$，$\boldsymbol{E}$ 为二阶单位矩阵，且 $\boldsymbol{AX}+\boldsymbol{E}=\boldsymbol{B}$，求 $\boldsymbol{X}$.

3. 设矩阵 $\boldsymbol{A}=\begin{bmatrix} 1 & 2 & 1 \\ 1 & 5 & 3 \\ 0 & 1 & -1 \end{bmatrix}$，$\boldsymbol{B}=\begin{bmatrix} 1 & 3 \\ 0 & 2 \\ 4 & -1 \end{bmatrix}$，计算 $\boldsymbol{AB}$.

4. 已知齐次线性方程组 $\begin{cases} x_1-2x_2-2x_3=0 \\ 3x_1+5x_2+5x_3=0 \\ 5x_1+3x_2+3x_3=0 \end{cases}$，求其基础解系及通解.

5. 求非齐次线性方程 $\begin{cases} -x_1-x_2+3x_3+x_4=-1 \\ 3x_1-x_2-x_3+9x_4=7 \\ x_1+5x_2-11x_3-13x_4=-3 \end{cases}$ 的解.

9.3　同步提高自测题

9.3.1　同步提高自测题 A

一、填空题.

1. $D=\begin{vmatrix} 1-\lambda & -2 & 4 \\ 2 & 3-\lambda & 1 \\ 1 & 1 & 1-\lambda \end{vmatrix}=$________.

2. 设 $\boldsymbol{A}=\begin{bmatrix} 1 & 1 & 1 \\ 1 & -1 & 0 \\ 1 & 0 & 1 \end{bmatrix}$，则 $|2\boldsymbol{A}^5|=$________.

3. 设 $\boldsymbol{A}=\begin{bmatrix} 1 & -2 \\ 3 & 4 \end{bmatrix}$，则 $\boldsymbol{A}^*=$________.

4. 设 $\boldsymbol{A}=\begin{bmatrix} 1 & 2 & -1 & 1 \\ 3 & 2 & a & -1 \\ 5 & 6 & 3 & b \end{bmatrix}$，$\mathrm{r}(\boldsymbol{A})=2$，则 $a=$________，$b=$________.

5. 已知方程组 $\begin{cases} x_1+2x_2+x_3=1 \\ 2x_1+3x_2+(a+2)x_3=3 \\ x_1+ax_2-2x_3=0 \end{cases}$ 无解，则 $a=$________.

二、选择题.

1. 与矩阵 $\boldsymbol{A}=\begin{bmatrix}1&2&0\\4&8&0\\0&0&3\end{bmatrix}$ 等价的矩阵是(   ).

A. $\begin{bmatrix}1&0&0\\0&1&0\\0&0&1\end{bmatrix}$ B. $\begin{bmatrix}3&0&0\\0&0&0\\0&0&0\end{bmatrix}$ C. $\begin{bmatrix}3&2&0\\0&4&0\\0&0&0\end{bmatrix}$ D. $\begin{bmatrix}0&0&2\\0&1&0\\3&0&0\end{bmatrix}$

2. 行列式 $D=\begin{vmatrix}a_{11}&a_{21}&a_{31}\\a_{12}&a_{22}&a_{32}\\a_{13}&a_{23}&a_{33}\end{vmatrix}$,则 $D_1=\begin{vmatrix}2a_{11}&2a_{21}&2a_{31}\\2a_{12}&2a_{22}&2a_{32}\\2a_{13}&2a_{23}&2a_{33}\end{vmatrix}=$(   ).

A. 2D B. 8D C. -2D D. -8D

3. 矩阵 $\boldsymbol{A}=\begin{bmatrix}1&-1&2&1&0\\2&-2&4&2&0\\3&0&6&-1&1\\0&3&0&0&1\end{bmatrix}$ 的秩为(   ).

A. 1 B. 2 C. 3 D. 4

4. 已知向量组 $\boldsymbol{\alpha}_1=(k,2,2)$,$\boldsymbol{\alpha}_2=(2,2,k)$,$\boldsymbol{\alpha}_3=(2,k,2)$线性相关,则(   ).

A. $k=-4$ 或 $k=2$ B. $k=2$ C. $k=-4$ D. $k=-2$

三、计算题.

1. 计算 $D=\begin{vmatrix}2&4&-1&-2\\-3&7&-1&4\\5&-9&2&7\\2&-5&1&2\end{vmatrix}$.

2. 设 M_{ij} 和 A_{ij} 分别是行列式 $D=\begin{vmatrix}4&1&2&4\\1&2&0&-4\\10&5&2&0\\0&1&1&-2\end{vmatrix}$ 中元素 a_{ij} 的余子式与代数余子式,试求:(1) $4A_{31}+A_{32}+2A_{33}+4A_{34}$;(2) $M_{11}+M_{21}+M_{41}$.

3. 设 $\boldsymbol{A}=\begin{bmatrix}1&2\\-1&0\\0&3\end{bmatrix}$,$\boldsymbol{B}=\begin{bmatrix}1&1&0\\-1&0&1\end{bmatrix}$,求 $|\boldsymbol{AB}|$ 与 $|(\boldsymbol{BA})^{\mathrm{T}}|$.

4. 求矩阵 $\boldsymbol{A}=\begin{bmatrix}1&1&-3&-1&1\\3&-1&-3&4&4\\1&5&-9&-8&0\\2&2&-6&3&4\end{bmatrix}$ 的秩.

5. 设矩阵 $\boldsymbol{A}=\begin{bmatrix}1&2&3\\1&3&4\\1&4&4\end{bmatrix}$,

(1) 求 A 的伴随矩阵 $\boldsymbol{A}^*$;

(2) 判断 A 是否可逆,若可逆求 A^{-1}.

6. 设矩阵 $\boldsymbol{A}=\begin{bmatrix}1&0&1\\2&1&0\\-3&2&-5\end{bmatrix}$,判断 $\boldsymbol{A}$ 是否可逆?如果可逆,求出其逆矩阵.

7. 已知向量组 $\boldsymbol{\alpha}_1=(1,-1,2,4)$,$\boldsymbol{\alpha}_2=(0,3,1,2)$,$\boldsymbol{\alpha}_3=(3,0,7,14)$,$\boldsymbol{\alpha}_4=(1,-2,2,0)$,$\boldsymbol{\alpha}_5=(2,1,5,10)$,求其极大无关组,并把其余向量用这个极大无关组线性表示.

8. 求线性方程组 $\begin{cases}x_1+6x_2+2x_3+2x_4=6\\x_1+x_2+x_3+x_4=2\\4x_1-x_2+3x_3+3x_4=4\end{cases}$ 的解.

9.3.2　同步提高自测题 B

一、填空题.

1. $D=\begin{vmatrix}a+b+2c&a&b\\c&b+c+2a&b\\c&a&c+a+2b\end{vmatrix}=$________.

2. 设 $\boldsymbol{A}=\begin{bmatrix}1&2&0\\2&1&-1\\3&1&1\end{bmatrix}$,$\boldsymbol{B}=\begin{bmatrix}1&2&3\\0&1&2\\4&5&3\end{bmatrix}$,则 $\boldsymbol{A}^{\mathrm{T}}\boldsymbol{B}=$________.

3. 设 $\boldsymbol{A}$ 为 3 阶方阵,$|\boldsymbol{A}|=-2$,$\boldsymbol{A}^*$ 是 $\boldsymbol{A}$ 的伴随矩阵,则 $|3\boldsymbol{A}^{-1}+\boldsymbol{A}^*|=$________.

4. 设矩阵 $\boldsymbol{A}=\begin{bmatrix}1&-1&0\\a&2&0\\0&b&3\end{bmatrix}$,当元素 $a=$________,$b=$________时,矩阵 $\boldsymbol{A}$ 是对称矩阵.

5. 已知 $\boldsymbol{\alpha}_1,\boldsymbol{\alpha}_2,\boldsymbol{\alpha}_3$ 为线性相关的三维列向量,且 $\mathrm{r}(\boldsymbol{\alpha}_1,\boldsymbol{\alpha}_2,\boldsymbol{\alpha}_3)=2$,则行列式 $|\boldsymbol{\alpha}_1\quad\boldsymbol{\alpha}_2\quad\boldsymbol{\alpha}_3|=$________.

二、选择题.

1. 在函数 $f(x)=\begin{vmatrix}2x&1&-1\\-x&-x&x\\1&2&x\end{vmatrix}$ 中,x^3 的系数是(　　).

A. -2　　B. 4　　C. -1　　D. 2

2. 设 $\boldsymbol{A}$ 是 $m\times n$ 矩阵,$\boldsymbol{C}$ 是 n 阶可逆矩阵,矩阵 $\boldsymbol{A}$ 的秩为 r,矩阵 $\boldsymbol{B}=\boldsymbol{AC}$ 的秩为 r_1,则(　　).

A. $r>r_1$　　B. $r>r_1$

C. $r=r_1$　　D. r 与 r_1 的关系依 $\boldsymbol{C}$ 而定

3. 当 $k=$(　　)时,等式 $\begin{bmatrix}1 & 0 & k\\ 2 & -1 & 0\\ 0 & 1 & 1\end{bmatrix}\begin{bmatrix}1\\ 0\\ -1\end{bmatrix}=\begin{bmatrix}k\\ 2\\ -1\end{bmatrix}$.

A. 2　　B. $-\dfrac{1}{2}$　　C. -2　　D. $\dfrac{1}{2}$

4. 设 $\boldsymbol{A}$、$\boldsymbol{B}$ 均为 n 阶矩阵,且 $\boldsymbol{A}$ 可逆,则以下结论正确的是(　　).

A. 若 $\boldsymbol{AB}\neq 0$,则 $\boldsymbol{B}$ 不可逆　　B. 若 $\boldsymbol{AB}=0$,则 $\boldsymbol{B}=0$

C. 若 $\boldsymbol{AB}\neq 0$,则 $\boldsymbol{B}$ 可逆　　D. 若 $\boldsymbol{AB}=\boldsymbol{BA}$,则 $\boldsymbol{B}=\boldsymbol{E}$

5. 设 $\boldsymbol{AX}=b$ 是非齐次线性方程组,η_1 与 η_2 是其任意 2 个解,下列说法正确的(　　).

A. $\eta_1+\eta_2$ 是 $\boldsymbol{AX}=0$ 的一个解　　B. $\dfrac{\eta_1+\eta_2}{2}$ 是 $\boldsymbol{AX}=b$ 的一个解

C. $\eta_1-\eta_2$ 是 $\boldsymbol{AX}=b$ 的一个解　　D. $2\eta_1-\eta_2$ 是 $\boldsymbol{AX}=0$ 的一个解

三、计算题.

1. 计算行列式 $D=\begin{vmatrix}1 & 2 & 3 & 4\\ 2 & 3 & 4 & 1\\ 3 & 4 & 1 & 2\\ 4 & 1 & 2 & 3\end{vmatrix}$.

2. 设 $\boldsymbol{A}=\begin{bmatrix}1 & 0 & -1\\ 1 & 2 & 3\end{bmatrix}$,$\boldsymbol{B}=\begin{bmatrix}3 & -2\\ 1 & 0\\ -1 & 3\end{bmatrix}$,求 $\boldsymbol{AB}$、$\boldsymbol{BA}$.

3. 已知 $\boldsymbol{X}\begin{bmatrix}1 & 0 & 0\\ 0 & -1 & 0\\ 0 & 0 & 2\end{bmatrix}=\begin{bmatrix}1 & -1 & 6\\ 4 & 3 & -2\end{bmatrix}$,求矩阵 $\boldsymbol{X}$.

4. 求矩阵 $\boldsymbol{A}=\begin{bmatrix}1 & 0 & 1\\ 2 & 1 & 0\\ -2 & 0 & -1\end{bmatrix}$ 的逆矩阵.

5. 已知向量组:$\boldsymbol{\alpha}_1=(1,0,0,1)^{\mathrm{T}}$,$\boldsymbol{\alpha}_2=(0,1,0,-1)^{\mathrm{T}}$,$\boldsymbol{\alpha}_3=(0,0,1,-1)^{\mathrm{T}}$,$\boldsymbol{\alpha}_4=(2,-1,3,0)^{\mathrm{T}}$,求(1) 向量组的秩;(2) 求向量组的一个极大无关组.

6. 当 a,b 取何值时,方程 $\begin{cases}ax_1+2x_2+3x_3=4\\ 2x_2+bx_3=2\\ 2ax_1+2x_2+3x_3=6\end{cases}$ 有唯一解,无解,有无穷多解?

7. 求非齐次线性方程组 $\begin{cases} 2x_1 - x_2 + 4x_3 - 3x_4 = -4 \\ x_1 \qquad\quad + x_3 - x_4 = -3 \\ 3x_1 + x_2 + x_3 \qquad\quad = 1 \\ 7x_1 \qquad\quad + 7x_3 - 3x_4 = 3 \end{cases}$ 的向量形式的通解.

8. 已知 n 阶矩阵 $\boldsymbol{A}$ 满足方程 $\boldsymbol{A}^2 - \boldsymbol{A} - 7\boldsymbol{E} = 0$，证明 $(\boldsymbol{A} + 3\boldsymbol{E})^{-1}$ 存在，并求 $(\boldsymbol{A} + 3\boldsymbol{E})^{-1}$.

参考答案

第1章　函数、极限及连续

1.2　基础练习题

1. (1) $(-2,0] \cup [1,+\infty)$　　(2) $[-1,3]$

　(3) $[2k\pi,(2k+1)\pi]$

2. 略

3. 略

4. 0;0;极限为0

5. (1) 无穷大　(2) 无穷小　(3) 无穷小　(4) 无穷小

6. (1) 0　(2) 0　(3) 0

7. (1) 1　(2) -7　(3) 2　(4) 0　(5) 4　(6) 1

(7) $\frac{5}{2}$

8. (1) 1　(2) 1　(3) 0　(4) e^2

9. (1) $\frac{1}{2}$　(2) $\sqrt{2}a$

10. (1) $x=0$ (可去间断点), $x=\frac{\pi}{4}+\frac{k}{2}\pi$ (k 为整数)(第二类间断点);

　(2) $x=0$ (跳跃间断点).

11. $a=0, b=15$.

12. $(-\infty,-1)\cup(1,+\infty)$.

13. $\lim\limits_{x\to 0^+} f(x)=0, \lim\limits_{x\to 0^-} f(x)=-2, \lim\limits_{x\to 0} f(x)$不存在

1.3　同步提高自测题

1.3.1　同步提高自测题A

一、选择题.

1. B　2. B　3. A　4. B　5. C　6. C　7. D

二、填空题.

1. $y=\log_3(x-1)$　2. $1<x\leqslant 3$　3. $a=0, b=2$　4. 2

5. 0,1,不存在,1,0

三、综合题.

1. $\lim\limits_{x\to 1}f(x)=1$, $\lim\limits_{x\to -1}f(x)$不存在

2. 略

3. (1) 10　(2) $-\dfrac{1}{2}$　(3) $\dfrac{1}{2}$　(4) 1　(5) 0　(6) e^{-2}

(7) e^2　(8) e^{-1}

4. 在 $x=1$ 处不连续

5. 跳跃间断点

6. $x\neq\pm 1$

7. 提示:考虑函数 $f(x)=x-2\sin x-1$ 在$(0,3)$内的根.

1.3.2　同步提高自测题 B

一、选择题.

1. C　2. A　3. C　4. D　5. B　6. D

二、填空题.

1. e^{-1}　2. 0,1　3. $a=-3,b=4$　4. -1　5. 跳跃

三、综合题.

1. 略

2. 证明:略

3. $\dfrac{\pi}{3}$

4. $a=2,b=1$

5. (1) $x=0$ (可去间断点)

(2) $x=0$ (无穷间断点), $x=1$ (可去间断点)

第 2 章　一元函数微分学及其应用

2.2　基础练习题

1. (1) $f'(5)=\dfrac{1}{3}$　(2) $f'(x)=-\sin x$

2. (1) 切线方程为 $x+y-2=0$, 法线方程为 $x-y=0$;

(2) 切线方程为 $12x-y-16=0$, 法线方程为 $x+12y-98=0$.

3. (1) $y'=4x+3\dfrac{1}{x^4}+5$　(2) $y'=\dfrac{2}{\sqrt[3]{x}}+\dfrac{3}{x^4}$

(3) $y'=2x\sin x+x^2\cos x$　(4) $y'=\dfrac{\sin x-1}{(x+\cos x)^2}$

(5) $y=1+\ln x+\dfrac{1-\ln x}{x^2}$

(6) $y=\left(\frac{1}{x}+\ln x\right)\sin x-\left(\frac{1}{x}-\ln x\right)\cos x$

(7) $y=\frac{1}{1+\cos x}$ (8) $y=\frac{(1-x^2)\tan x+x(1+x^2)\sec^2 x}{(1+x^2)^2}$

4. (1) $\frac{8}{(\pi+2)^2}$ (2) 16, $15a^2+\frac{2}{a^3}-1$

5. (1) $y'=6(x^3-x)^5(3x^2-1)$ (2) $y'=\frac{\ln x}{x\sqrt{1+\ln^2 x}}$

(3) $y'=\frac{1}{x^2}\csc^2\frac{1}{x}$ (4) $y'=2x\sin\frac{1}{x}-\cos\frac{1}{x}$

(5) $y'=\frac{1}{2\sqrt{x+\sqrt{x+x}}}\left[1+\frac{1}{2\sqrt{x+x}}(1+2\sqrt{x})\right]$

(6) $y=\frac{x}{x(1-x)}$ (7) $y'=-3\sin 3x\sin(2\cos 3x)$

(8) $y=4(x+\sin^2 x)^3(1+\sin 2x)$

6. (1) $y'=\frac{f'(e^x)e^x}{f(e^x)}$ (2) $y'=2f(\sin^2 x)f'(\sin^2 x)\sin 2x$

7. $x=\mu$

8. (1) $30x^4+12x$ (2) $12\cos 2x-24x\sin 2x-8x^2\cos 2x$

9. (1) $(n+x)e^x$ (2) $2^{n-1}\sin\left[2x+(n-1)\frac{\pi}{2}\right]$

10. (1) $y'=\frac{y-x^2}{y^2-x}$ (2) $y'=\frac{x+y}{x-y}$

11. (1) $\frac{(2x+3)\sqrt[4]{x-6}}{\sqrt[3]{x+1}}\left(\frac{2}{2x+3}+\frac{1}{4(x-6)}-\frac{1}{3(x+1)}\right)$

(2) $(\sin x)^{\cos x}(-\sin x\ln\sin x+\cos x\cot x)$

12. (1) $dy=\frac{1}{2}\cot\frac{x}{2}dx$ (2) $dy=e^{-x}[\sin(3-x)-\cos(3-x)]dx$

13. (1) $\frac{a}{b}$ (2) ∞ (3) 2 (4) 0

14. (1) $\left(-\infty,\frac{1}{2}\right)$为单增区间,$\left(\frac{1}{2},+\infty\right)$为单减区间.

(2) $(-\infty,-1)$及$(1,+\infty)$为单减区间,$(-1,1)$为单增区间.

15. (1) 极小值$y(-1)=0$,极大值$y(9)=10^{10}e^{-9}$.

(2) 极小值$y(1)=0$,极大值$y\left(\frac{1}{3}\right)=\frac{1}{3}\sqrt[3]{4}$.

16. (1) $f_{\min}=2$, $f_{\max}=32$; (2) $f_{\min}=1$, $f_{\max}=3$.

17. 边长为$\sqrt{A}$的正方形.

18. (1) $(-\infty,0)$为凸区间,$(0,+\infty)$为凹区间, $(0,0)$为拐点坐标.

(2) $(-\infty,+\infty)$为凹区间,无拐点.

19. (1) 斜渐近线:$y=x-3$,垂直渐近线:$x=-1$.

(2) 垂直渐近线:$x=-1$,斜渐近线:$y=1$.

20. 略

2.3 同步提高自测题

2.3.1 同步提高自测题 A

一、选择题.

1. A　2. C　3. D　4. C　5. D　6. C　7. D　8. C

9. C　10. A

二、填空题.

1. $-f'(x_0)$　2. $\frac{1}{2}+\mathrm{e}$　3. -2　4. $\mathrm{e}^{\cos x}(\sin^2 x-\cos x)$

5. $\frac{y-2x}{2y-x}$　6. $y-\mathrm{e}^{-2}=(\sqrt[3]{4}+2\mathrm{e}^{-2})(x+1)$

7. $810(1-3x)^8-\frac{3}{x^2\ln 2}+\sin 2x$　8. 0.110 601,　0.11

9. $\frac{2x^3}{3}$　10. $a^x\ln a-\frac{1}{1+x^2}$　11. 3,　$(0,1),(1,2),(2,3)$

12. $(1,+\infty)$,　$(-\infty,0)\cup(0,1)$　13. 大

三、综合题.

1. $x=1$　极大值,　$x=2$　极小值

2. $\frac{x\ln x}{\sqrt{(x^2-1)^3}}\mathrm{d}x$

3. (1) $3x^2+12x+11$　(2) $\frac{1}{3}x^{-\frac{2}{3}}\sin x+\sqrt[3]{x}\cos x+a^x\mathrm{e}^x\ln(a+1)$

(3) $\log_2 x+\frac{1}{\ln 2}$　(4) $-\csc^2 x\arctan x+\cot x\ \frac{1}{1+x^2}$

(5) $\frac{1}{x^2}\cdot\sin\frac{1}{x}$　(6) $-\frac{1+x}{x\left(1+x\ln\frac{1}{x}\right)}$

(7) $\frac{1}{x-1}$　(8) $\frac{1}{\sqrt{1+x^2}}$

4. 2

5. (1) 4　(2) $\frac{1}{2}$　(3) 1　(4) 1

(5) 2　　(6) 1　　(7) 1

6. $(-\infty,0)$凹　$(0,+\infty)$凸　$(0,0)$是拐点

2.3.2　同步提高自测题B

一、选择题.

1. C　2. A　3. C　4. D　5. B　6. C　7. B　8. C

二、填空题.

1. $f'(0)$　　2. $\ln(e-1)$，$e-1$　　3. 1

4. $-f''\left(\frac{1}{x}\right)\frac{1}{x^2}+f'\left(\frac{1}{x}\right)\frac{1}{x^3}$　　5. $2\sqrt{x}$　　6. $\sin x$，e^x

7. 0 极大值 $\frac{2}{5}$ 极小值　　8. -2，4　　9. $e^{\sqrt{\sin 2x}}\frac{1}{2\sqrt{\sin 2x}}$　　10. 5

三、综合题.

1. $-\frac{1}{y(\ln y)^3}$　　$-\frac{1}{e}$

2. (1) $\frac{1}{2\sqrt{x+\sqrt{x+\sqrt{x}}}}\left(1+\frac{1+\frac{1}{2\sqrt{x}}}{2\sqrt{x+\sqrt{x}}}\right)$

(2) $\frac{2x\cos 2x-\sin 2x}{x^3}$

(3) $\frac{\frac{1}{\sqrt{1-x^2}}(\arcsin x+\arccos x)}{\arccos x^2}$

(4) $-3\cos[\cos^2\tan(3x)]\cdot 2\cos\tan(3x)\cdot\sin\tan(3x)\cdot\sec^2(3x)$

(5) $\frac{2\sin x(1-e^x)+2x\cos x(1-e^x)-x\sin x e^x}{4\sqrt{x\sin x\sqrt{1-e^x}}\sqrt{1-e^x}}$

(6) $x^{\ln x}\frac{2\ln x}{x}$

3. (1) ∞　　(2) 2　　(3) $\frac{1}{6}$　　(4) $\ln 3$　　(5) $e^{-\frac{2}{\pi}}$

4. 当 $a^2-3b<0$ 时，$f(x)$一定没有极值；当 $a^2-3b=0$ 时，$f(x)$可能有一个极值；当$a^2-3b>0$ 时，$f(x)$可能有两个极值.

第3章　不定积分

3.2　基础练习题

1. 略

2. (1) $\frac{3}{10}x^3\sqrt[3]{x}+C$　　(2) $-\frac{3}{2}\frac{1}{x\sqrt{x}}+C$　　(3) $\frac{m}{m+n}x^{\frac{m+n}{m}}+C$

(4) $\frac{1}{3}x^3-\frac{3}{2}x^2+2x+C$

(5) $\frac{1}{5}x^5+\frac{2}{3}x^3+x+C$

(6) $\frac{1}{3}x^3-\frac{2}{3}x^{\frac{3}{2}}+\frac{2}{5}x^{\frac{5}{2}}-x+C$

3. 略

4. (1) $-\frac{3}{4}\sqrt[3]{(3-2x)^2}+C$　　(2) $-\frac{1}{5}\ln|\cos 5x|+C$

(3) $-\frac{1}{2}e^{-x^2}+C$　　(4) $\frac{1}{101}(x^2-3x+1)^{101}+C$

(5) $-\frac{1}{97}(x-1)^{-97}-\frac{1}{49}(x-1)^{-98}-\frac{1}{99}(x-1)^{-99}+C$

(6) $\frac{1}{3}\ln|1+3x|+C$

5. (1) $(\arctan\sqrt{x})^2+C$　　(2) $\arctan f(x)+C$

6. (1) $\sqrt{2-x}\left(-\frac{64}{15}-\frac{16}{15}x-\frac{2}{5}x^2\right)+C$

(2) $(x+1)-4\sqrt{x+1}+4\ln(\sqrt{x+1}+1)+C$

7. (1) $x\arctan x-\frac{1}{2}\ln(1+x^2)+C$　　(2) $2\sqrt{x}e^{\sqrt{x}}-2e^{\sqrt{x}}+C$

3.3 同步提高自测题

3.3.1 同步提高自测题 A

一、选择题.

1. A　2. B　3. B　4. A　5. A　6. B　7. A　8. C

9. C　10. B

二、填空题.

1. $\frac{x^3}{3}-\cos x$　2. $-\frac{1}{3}$　3. $\frac{1}{4}$　4. -3

5. $\frac{a^x}{\ln a}+C$　6. $-\cos x+C$　7. $\tan x+C$　8. $-e^{-x}(x+1)+C$

三、综合题.

1. 证明略.

2. $y=\frac{1}{4}x^4$

3. (1) $\frac{5}{4}x^4+C$　(2) $\frac{1}{3}x^3-2x^2+4x+C$　(3) $\frac{m}{m+n}x^{\frac{m+n}{m}}+C$

(4) $\cot x-\tan x+C$　(5) $\frac{4}{7}x^{\frac{7}{4}}+4x^{-\frac{1}{4}}+C$　(6) $\frac{1}{3}e^{3x}+C$

(7) $-\frac{1}{3}(1-2x)^{\frac{3}{2}}+C$　(8) $-\frac{1}{2}\cos 2x+C$

(9) $\sqrt{2x}-\ln\left|1+\sqrt{2x}\right|+C$　(10) $-e^{-x}(x^2+2x+2)+C$

4. 略

3.3.2 同步提高自测题 B

一、选择题.

1. B　2. D　3. A　4. D　5. B　6. B　7. B　8. A
9. C　10. D

二、填空题.

1. $f(x)dx$，$f(x)+C$　2. $\frac{1}{3}$　3. -1　4. $-\sin x$

5. C　6. e^{-x}，$-xe^{-x}-e^{-x}+C$　7. $6x\,dx$

三、综合题.

1. (1) $\arccos\frac{1}{x}+C$　(2) $\arccos\frac{1}{x}+C$

2. $\frac{\pi}{4}$

3. (1) $\sqrt{\frac{2h}{g}}+C$ (g 是常数)　(2) $\sin x-\cos x+C$

(3) $\cot x-\tan x+C$　(4) $\ln\left|\ln\ln x\right|+C$

(5) $-\ln\left|\cos\sqrt{1+x^2}\right|+C$　(6) $\frac{3}{2}(\sin x-\cos x)^{\frac{2}{3}}+C$

(7) $\frac{\sin^4 x}{4}-\frac{\sin^6 x}{6}+C$　(8) $-\cos e^x+C$

(9) $\sqrt{x^2-9}-3\arccos\frac{3}{x}+C$　(10) $\arcsin x-\frac{x}{1+\sqrt{1-x^2}}+C$

(11) $\frac{1}{2}\arcsin x+\ln\left|\sqrt{1-x^2}+x\right|+C$　(12) $\frac{1}{2}(\sin x-\cos x)e^x+C$

(13) $\frac{1}{2}(1+x^2)\arctan x-\frac{x}{2}+C$

4. $e^x-\frac{2}{x}e^x+C$

5. $-(e^{-x}+1)\ln(1+e^x)+x+C$

6. $\frac{1}{2}\sin(2x^2-1)+C$

第 4 章　定积分

4.2　基础练习题

1. (1) -4　　(2) $\frac{17}{2}$　　(3) 0

　(4) $1-\frac{1}{\sqrt{3}}+\frac{\pi}{12}$　　(5) $\frac{4}{3}$　　(6) $\frac{1}{2}$

2. $\cos^2 1$　　0　　π

3. (1) $\frac{1}{6}$　　(2) $\sqrt{3}-\frac{\pi}{3}$

4. (1) $\frac{1}{2}$　　(2) $\frac{\pi}{4}-\frac{\sqrt{3}}{9}\pi+\frac{1}{2}\ln\frac{3}{2}$

5. 略

6. (1) 1　　(2) 1　　(3) $\frac{\pi}{2}$　　(4) $-\frac{\ln 2}{2}$

7. 3

8. $\frac{19}{6}$　　$\frac{422}{15}\pi$

4.3　同步提高自测题

4.3.1　同步提高自测题 A

一、选择题.

1. D　2. B　3. A　4. B　5. C　6. C

二、填空题.

1. 1　　2. 0　　3. $b-a-1$

4. $\sqrt{2}-1$　　5. $\frac{1}{3}$

三、综合题.

(1) 0　　(2) $\frac{\pi R^2}{2}$　　(3) 0　　(4) 1

2. $\pi\leqslant\int_{\frac{\pi}{4}}^{\frac{5\pi}{4}}(1+\sin^2 x)\,dx\leqslant 2\pi$

3. (1) $\frac{\pi}{6}$　　(2) $\frac{\pi}{3}$　　(3) $\frac{\pi}{3a}$　　(4) $\frac{ae-1}{\ln(ae)}$

　(5) $\frac{\pi}{4}+1$　　(6) -1　　(7) $\frac{5}{2}$　　(8) 2

(9) $\frac{\pi}{2}-1$　　(10) $\frac{3}{2}$　　(11) $\frac{1}{4}(e^2+1)$　　(12) $-\frac{2\pi}{\omega^2}$

4. (1) 1　　(2) 1　　(3) 1　　(4) $-2a^{-\frac{1}{2}}$

5. $\frac{3}{2}-\ln 2$

6. $e+e^{-1}-2$

4.3.2 同步提高自测题B

一、选择题.

1. D　2. C　3. B　4. A　5. C　6. D

二、填空题.

1. $b-a$　2. 0　3. π　4. 0　5. 6　-2

三、综合题.

1. 在$[a,b]$上依次加入$n-1$个分点且把区间$[a,b]$平均分成n份,每个区间长度为$\frac{b-a}{n}$,取每个小区间的左端点为ξ_i,则

$$\int_a^b x\,dx=\lim_{n\to\infty}\sum_{i=1}^{n}f(\xi_i)\Delta x_i=\lim_{n\to\infty}\sum_{i=1}^{n}\xi_i\frac{b-a}{n}$$

$$=\lim_{n\to\infty}\frac{n(b+a)}{2}\cdot\frac{b-a}{n}=\frac{b^2-a^2}{2}$$

2. $\frac{\pi}{4}$

3. (1) $\frac{\pi}{6}$　　(2) $1-\frac{\pi}{4}$　　(3) $\int_0^{\pi}\sin^3 x\cos^2 x\,dx$

(4) $\int_{-1}^{1}\frac{x\,dx}{\sqrt{5-4x}}$　　(5) $\frac{\pi}{2}$　　(6) $\sqrt{2}-\frac{2\sqrt{3}}{3}$

(7) $\frac{\pi}{8}\sqrt{2}-\frac{1}{2}\sqrt{2}+1$　　(8) $2\left(1-\frac{1}{e}\right)$　　(9) $1-\frac{\pi}{6}\sqrt{3}$

(10) $\frac{\pi^2}{4}$

4. (1) 1　　(2) 2

5. $-1-2e^3+\frac{\pi}{4}$

6. $\frac{8}{15}\pi$

7. $$\int_a^b xf''(x)\,dx=\int_a^b x\,df'(x)=xf'(x)\Big|_a^b-\int_a^b f'(x)\,dx$$

$$=[bf'(b)-f(b)]-[af'(a)-f(a)]$$

第 5 章　常微分方程

5.2　基础练习题

1. (1) $y=Ce^{\frac{1}{x}}$　(2) $\ln|y|=-e^x+C$

(3) $y=\frac{1}{3}e^{3x}+C$　(4) $y=-\cos x+\frac{1}{3}x^3+C$

2. (1) $y=x(C+x)$　(2) $y=\frac{C}{x}+x$

(3) $y=Ce^{\cos x}+1$　(4) $y=\frac{1}{x}(C+xe^x-e^x)$

3. (1) $y=-\sin x+C_1x+C_2$　(2) $y=C_1+C_2e^{-x}+\frac{1}{2}x-1$

(3) $y=e^x+\frac{1}{6}x^3+C_1x+C_2$　(4) $y=C_2e^{C_1x}+C_3$

4. (1) $y=C_1e^{-7x}+C_2e^x$　(2) $y=C_1e^{-2x}+C_2e^{2x}$

(3) $y=e^{-2x}(C_1\sin x+C_2\cos x)$　(4) $y=C_1\sin 2x+C_2\cos 2x$

5. (1) $y=C_1e^{-3x}+C_2e^x-\frac{1}{4}xe^{-x}$

(2) $y=C_1e^{-2x}+C_2e^{2x}+\frac{1}{4}xe^{2x}$

(3) $y=e^{-2x}(C_1\sin x+C_2\cos x)+e^{2x}\left(\frac{1}{20}x-\frac{1}{40}\right)$

(4) $y=C_1e^{-x}+C_2e^{-4x}+\frac{1}{4}x^2-\frac{5}{8}x+\frac{21}{32}$

6. (1) $y=-\frac{3}{2}e^{-3x}+\frac{3}{2}e^x$　(2) $y=-\frac{5}{2}e^{-2x}+\frac{5}{2}e^{2x}$

5.3　同步提高自测题

5.3.1　同步提高自测题 A

一、填空题.

1. $\frac{dy}{dx}=f(x)\varphi(y)$　2. $y=C_1e^{-5x}+C_2e^{2x}$

3. $y=x(Ax^2+Bx+C)$　4. $y=C_1y_1(x)+C_2y_2(x)$

二、选择题.

1. B　2. B　3. C

三、综合题.

1. (1) $y=Ce^{-\cos x}$　(2) $y=e^{Cx}$

(3) $y=Ce^{\frac{3}{2}x^2}-1$

(4) $y=\frac{1}{8}x^4+\frac{C_1}{2}x^2+C_2x+C_3$

(5) $y=C(x^2+1)$

(6) $y=\frac{C_1}{x+C_2}$

2. (1) $y=\frac{1}{\ln e|x^2-1|}$

(2) $y^2=x^2$

3. (1) $y=C_1e^{-x}+C_2e^x$

(2) $y=C_1e^{-x}+C_2e^{3x}$

(3) $y=C_1e^{-\frac{1}{2}x}+C_2e^{2x}+\left(\frac{1}{12}x+\frac{11}{144}\right)e^{-2x}$

4. (1) $y=e^{2x}\left(-\frac{1}{3}\sin 3x+2\cos 3x\right)$

(2) $y=5e^x-\frac{3}{2}e^{2x}+\frac{5}{2}$

5.3.2 同步提高自测题B

一、填空题.

1. 一阶线性微分, $y=e^{\int P(x)dx}\left[\int Q(x)e^{-\int P(x)dx}dx+c\right]$

2. 二, 齐次, 常, $\lambda^2-2=0$

3. $y=\frac{1}{1+\ln|1+x|}$

4. $y=e^x(C_1\sin x+C_2\cos x)$

二、选择题.

1. D 2. D 3. C

三、综合题.

1. (1) $e^{-\frac{1}{2}\cdot\left(\frac{x}{y}\right)^2}=Cy$

(2) $x=\frac{C}{y^2}+\frac{1}{2}\ln y-\frac{1}{4}$

(3) $y=Ce^{-\sin x}$

(4) $y=C_1+C_2e^x-\frac{1}{2}x^2$

(5) $y=\frac{1}{4}e^{2x}-\cos x+C_1x+C_2$

(6) $x=\frac{1}{2}y^2+C_1y+C_2$

2. (1) $y=\frac{x}{\cos x}$

(2) $y=\frac{1}{x}(\pi-\cos x-1)$

3. (1) $y=e^{-x}(C_1\cos 3x+C_2\sin 3x)$

(2) $y=C_1\sin 2x+C_2\cos 2x+\frac{1}{4}x\sin 2x$

(3) $x=C_1e^{-2y}+C_2e^{-4y}+\frac{1}{2}ye^{-2y}$

4. (1) $y=4e^x+2e^{3x}$

(2) $y=2\cos 5x+\sin 5x$

5. $\varphi(x)=\sin x+\cos x$

第6章　无穷级数

6.2　基础练习题

1. (1) 发散　(2) 发散　(3) 收敛　(4) 收敛　(5) 收敛

   (6) 收敛　(7) 收敛　(8) 收敛　(9) 发散

2. (1) 收敛　(2) 收敛　(3) 收敛

   (4) 发散　(5) 发散　(6) 收敛

3. (1) $R=1$, $(-1,1)$　(2) $R=1$, $[-1,1]$　(3) $R=\sqrt{3}$, $(-\sqrt{3},\sqrt{3})$

4. (1) $\sum_{n=0}^{\infty}(-1)^n \frac{x^n}{4^{n+1}}$,　$(-4,4)$

   (2) $\frac{1}{6}\sum_{n=0}^{\infty}\left[\frac{(-1)^{n+1}}{5^{n+1}}-1\right]x^n$,　$(-1,1)$

   (3) $\sum_{n=0}^{\infty}\frac{(2x)^n}{n!}$,　$(-\infty,+\infty)$

5. (1) $\sum_{n=0}^{\infty}(-1)^n \frac{(x-1)^n}{5^{n+1}}$,　$(-4,6)$;

   $\sum_{n=0}^{\infty}(-1)^n \frac{(x-1)^n}{3^{n+1}}$,　$(-4,2)$

   (2) $\frac{1}{6}\sum_{n=0}^{\infty}\left[\frac{(-1)^{n+1}}{5^{n+1}}-1\right](x-1)^n$,　$(0,2)$;

   $\frac{1}{6}\sum_{n=0}^{\infty}\left[\frac{(-1)^{n+1}}{3^{n+1}}-\frac{1}{3^{n+1}}\right](x+1)^n$,　$(-4,2)$

   (3) $\ln 4+\sum_{n=0}^{\infty}\frac{(-1)^n(x-1)^{n+1}}{(n+1)4^{n+1}}$,　$(-3,5]$;

   $\ln 2+\sum_{n=0}^{\infty}\frac{(-1)^n(x+1)^{n+1}}{(n+1)2^{n+1}}$,　$(-3,1]$

6.3　同步提高自测题

6.3.1　同步提高自测题A

一、选择题.

1. B　2. C　3. C

二、填空题.

1. $u_n=\frac{n}{\ln(n+1)}$

2. $R=1$

3. $\frac{2}{2-\ln 3}$

三、计算题.

1. (1) 发散　　(2) 收敛

2. (1) 绝对收敛　　(2) 条件收敛

3. (1) $(-4,4)$　　(2) $\left(-\frac{1}{e},\frac{1}{e}\right)$

4. (1) $\frac{1}{(1-x)^2}$　　(2) $2xe^{x^2}$

5. (1) $\sum_{n=0}^{\infty}\frac{(-3x)^n}{n!},(-\infty,+\infty)$

(2) $\sum_{n=0}^{\infty}\left(\frac{1}{2^{n+1}}-\frac{1}{3^{n+1}}\right)x^n,(-2,2)$

6. (1) $\sum_{n=0}^{\infty}\frac{(-1)^{n+1}(x-4)^n}{2^{n+1}}$, $(2,6)$

(2) $\frac{1}{4}\sum_{n=0}^{\infty}\left[(-1)^n-\frac{(-1)^n}{5^{n+1}}\right](x-4)^n$, $(3,5)$

6.3.2　同步提高自测题 B

一、选择题.

1. B　　2. A

二、填空题.

1. u_0-1　　2. $[0,2)$　　3. $\ln 4+\sum_{n=0}^{\infty}\frac{(-1)^n(x-2)^{n+1}}{(n+1)4^{n+1}}$, $(-2,6]$

三、计算题.

1. (1) 发散　　(2) 收敛

2. (1) 绝对收敛　　(2) 绝对收敛

3. (1) $[-3,3)$　　(2) $[-2,2]$

4. (1) $\frac{2x}{(1-x)^3}$　　(2) $\arctan x$

5. (1) $\ln 2+\sum_{n=0}^{\infty}\frac{(-1)^n x^{n+1}}{(n+1)2^{n+1}},(-2,2]$

(2) $\sum_{n=0}^{\infty}(-1)^n\frac{1}{2n+1}x^{2n+1},(-1,1)$

6. (1) $\ln 3+\sum_{n=0}^{\infty}\frac{(-1)^n(x-3)^{n+1}}{(n+1)3^{n+1}}$, $(0,6]$

(2) $\sum_{n=1}^{\infty}(-1)^n\frac{(x-3)^{n-1}}{n5^{n+1}}$, $(2,8)$

第 7 章　向量与空间解析几何

7.2　基础练习题

1. $m=-3$　　2. $\frac{1}{2}$　　3. $\arccos\frac{\sqrt{6}}{6}$

4. $-x+2y+3z-10=0$　　5. $\frac{\pi}{4}$

7.3　同步提高自测题

7.3.1　同步提高自测题 A

一、填空题.

1. $2\sqrt{38}$　　2. $\frac{\pi}{3}$　　3. $\left(\frac{2}{3},\frac{1}{3},-\frac{2}{3}\right)$

4. $\frac{x-1}{2}=y=\frac{z-3}{-3}$　　5. 椭圆柱面

二、选择题.

1. C　2. C　3. B　4. A

三、计算题.

1. $(2,\pm\sqrt{2},2)$

2. (1) $-6,-102$　(2) $(-1,-8,-5),(-3,-24,-15)$

3. $x-3y+z+2=0$

4. $3x-7y+5z-4=0$

7.3.2　同步提高自测题 B

一、填空题.

1. $\left(\frac{2\sqrt{17}}{17},\frac{2\sqrt{17}}{17},\frac{-3\sqrt{17}}{17}\right)$　　2. $(-3,5,7)$　$\frac{\sqrt{21}}{42}$

3. $\frac{2}{3}$　　4. $\frac{\sqrt{585}}{9}$

二、选择题.

1. C　2. A　3. D　4. D

三、计算题.

1. -19

2. $\begin{cases} y-z-1=0 \\ x+y+z=0 \end{cases}$

3. $-5x+2y+8=0$

4. $-x+y-z-2=0$

5. $\frac{x+2}{1}=\frac{y-3}{5}=\frac{2-1}{13}$

第8章　多元函数微积分

8.2　基础练习题

1. (1) $\{(x,y)\mid 2x+y>0$ 且 $|3x|\leqslant 1\}$

(2) $\{(x,y)\mid x+y>0$ 且 $x^2+2y>0\}$

2. (1) $\frac{\partial z}{\partial x}=2xy-y$，　$\frac{\partial z}{\partial y}=x^2-x$，　$dz=(2xy-y)dx+(x^2-x)dy$

(2) $\frac{\partial z}{\partial x}=e^{x^2y}+2x^2ye^{x^2y}$，　$\frac{\partial z}{\partial y}=x^3e^{x^2y}$，

$dz=(e^{x^2y}+2x^2ye^{x^2y})dx+x^3e^{x^2y}dy$

(3) $\frac{\partial z}{\partial x}=\frac{y}{e^z-2z}$，　$\frac{\partial z}{\partial y}=\frac{x}{e^z-2z}$，　$dz=\frac{y}{e^z-2z}dx+\frac{x}{e^z-2z}dy$

(4) $\frac{\partial z}{\partial x}=\frac{y\cos(xy)-z}{x}$，　$\frac{\partial z}{\partial y}=\cos(xy)$，

$dz=\frac{y\cos(xy)-z}{x}dx+\cos(xy)dy$

(5) $\frac{\partial z}{\partial x}=f'_1y+f'_2 2x$，　$\frac{\partial z}{\partial y}=f'_1x+f'_2 2y$，

$dz=(f'_1y+f'_2 2x)dx+(f'_1x+f'_2 2y)dy$

(6) $\frac{\partial z}{\partial x}=f'_1e^x+f'_2 2xy$，　$\frac{\partial z}{\partial y}=f'_2x^2$，

$dz=(f'_1e^x+f'_2 2xy)dx+f'_2x^2dy$

3. (1) $\frac{\partial^2 z}{\partial x^2}=6xy\cos(x^2y)-4x^3y^2\sin(x^2y)$，　$\frac{\partial^2 z}{\partial y^2}=-x^5\sin(x^2y)$，

$\frac{\partial^2 z}{\partial x\partial y}=6xy\cos(x^2y)-2x^3y^2\sin(x^2y)$

(2) $\frac{\partial^2 z}{\partial x^2}=4xye^{xy}+2e^{xy}+x^2y^2e^{xy}$，　$\frac{\partial^2 z}{\partial y^2}=x^4e^{xy}$，

$\frac{\partial^2 z}{\partial x\partial y}=3x^2e^{xy}+x^3ye^{xy}$

4. $x=\frac{3}{2}$，$y=1$，极大值$\frac{13}{4}$

5. (1) $\int_0^2 dy\int_{y^2}^4 f(x,y)dx$　　(2) $\int_0^1 dx\int_{x^2}^x f(x,y)dy$

(3) $\int_{-1}^2 dy\int_{y^2}^{y+2} f(x,y)dx$　　(4) $\int_0^2 dx\int_{\frac{1}{2}x}^{3-x} f(x,y)dy$

6. (1) $-\frac{3}{4}$　　(2) $\frac{7}{15}$　　(3) $\frac{4}{3}$

7. (1) 8π　　(2) $\frac{128}{3}$　　(3) $\frac{16}{9}(3\pi-2)$

8.3　同步提高自测题

8.3.1　同步提高自测题 A

一、填空题.

1. $\frac{\pi}{4}$　　2. $\cos 1$　　3. $dz=\frac{y}{1-e^z}dx+\frac{x}{1-e^z}dy$

4. $(1,-1)$　　5. 16π　　6. $\int_0^1 dx\int_x^{2-x} f(x,y)dy$

二、选择题.

1. D　2. A　3. A　4. D　5. B

三、计算题.

1. (1) $-\frac{1}{4}$　(2) -4

2. $\frac{\partial z}{\partial x}=yx^{y-1}\ln(xy)+x^{y-1}$，$\frac{\partial z}{\partial y}=x^y\ln x\cdot\ln xy+\frac{x^y}{y}$，

$dz=(yx^{y-1}\ln(xy)+x^{y-1})dx+(x^y\ln x\cdot\ln xy+\frac{x^y}{y})dy$

3. $\frac{\partial^2 z}{\partial x^2}=\frac{-2y^2}{(xy-y-x)^3}$，$\frac{\partial^2 z}{\partial y^2}=\frac{2x^2(x-1)}{(xy-y-x)^3}$，

$\frac{\partial^2 z}{\partial x\partial y}=\frac{y(xy-y-2x)}{(xy-y-x)^3}$

4. 极大值 6，极小值 -2

6. $x=100$，$y=100$，$L_{\max}=100^3$

四、在直角坐标系下计算二重积分.

1. 6　　2. $\frac{6}{55}$　　3. $\frac{9}{4}$

五、在极坐标系下计算下列二重积分.

1. $\frac{2}{3}\pi a^3$　　2. 8π

8.3.2　同步提高自测题 B

一、填空题.

1. $\{(x,y)\mid 0<x+y\leqslant 1\}$　　2. $f''(e^{xy})e^{2xy}y^2+f'(e^{xy})e^{xy}xy+f'(e^{xy})e^{xy}$

3. $\frac{1}{6}$　　4. $\int_{-1}^0 dx\int_{x+1}^{\sqrt{1+x^2}} f(x,y)dy$

二、选择题.

1. B　2. D　3. B　4. A

三、计算题.

1. (1) 0　(2) $e^{\frac{1}{a}}$

2. $\frac{\partial z}{\partial x}=\frac{y e^{xy}}{1-\cos z}$， $\frac{\partial z}{\partial y}=\frac{x e^{xy}}{1-\cos z}$， $dz=\frac{y e^{xy}}{1-\cos z}dx+\frac{x e^{xy}}{1-\cos z}dy$

3. $\frac{\partial^2 z}{\partial x^2}=e^{2y}f''_{uu}+2xe^{y}f''_{uv}+2xe^{y}f''_{vu}+4x^2f''_{vv}+2f'_{v}$，

$\frac{\partial^2 z}{\partial y^2}=x^2e^{2y}f''_{uu}+xe^{y}f'_{u}$

$\frac{\partial^2 z}{\partial x\partial y}=e^{2y}f''_{uu}+2xe^{y}f''_{uv}+2xe^{y}f''_{vu}+4x^2f''_{vv}+zf'_{v}$

4. (1) $x=0.75$， $y=1.25$

(2) $x=0$， $y=1.5$(全部用于报纸广告利润最大)

四、在直角坐标系下计算二重积分.

1. $\pi-\frac{4}{9}$　2. 18　3. $1-\sin 1$

五、在极坐标系下计算下列二重积分.

1. $\frac{4}{3}ab^2$　2. $\frac{\pi^2}{16}$

六、证明题.

略

第9章　线性代数

9.2　基础练习题

一、填空题.

1. 3　-20　2. 6　3. $-\frac{1}{2}$　4. $\begin{bmatrix}1 & 0\\ 0 & 2^n\end{bmatrix}$

5. -1　6. -1 或 4

二、选择题.

1. A　2. B　3. C

三、计算题.

1. -120　2. $\boldsymbol{X}=\begin{bmatrix}1 & 1\\ 0 & -1\end{bmatrix}$　3. $\begin{bmatrix}5 & 6\\ 13 & 10\\ -4 & 3\end{bmatrix}$

4. $\boldsymbol{x}=k(0\quad -1\quad 1)^{T}(k\in\mathbf{R})$

5. $\boldsymbol{x}=k_1(1\quad 2\quad 1\quad 0)^{T}+k_2(-2\quad 3\quad 0\quad 1)^{T}+(2\quad -1\quad 0\quad 0)^{T}(k_1,k_2\in\mathbf{R})$

9.3 同步提高自测题

9.3.1 同步提高自测题 A

一、填空题.

1. $-\lambda(\lambda-2)(\lambda-3)$　　2. $|2A^5|=-8$

3. $\begin{bmatrix}4 & 2\\ -3 & 1\end{bmatrix}$　　4. $a=5,b=1$　　5. $a=-1$

二、选择题.

1. C　　2. B　　3. C　　4. A

三、计算题.

1. 9　　2. (1) 0　(2) -8

3. $|\boldsymbol{AB}|=0$　　$|(\boldsymbol{BA})^{T}|=2$

4. $r(\boldsymbol{A})=3$

5. $\boldsymbol{A}^{*}=\begin{bmatrix}-4 & 4 & -1\\ 0 & 1 & -1\\ 1 & -2 & 1\end{bmatrix}$　　$\boldsymbol{A}^{-1}=\begin{bmatrix}4 & -4 & 1\\ 0 & -1 & 1\\ -1 & 2 & -1\end{bmatrix}$

6. $|\boldsymbol{A}|=2$ 可逆, $\boldsymbol{A}^{-1}=\begin{bmatrix}-\frac{5}{2} & 1 & -\frac{1}{2}\\ 5 & -1 & 1\\ \frac{7}{2} & -1 & 1\end{bmatrix}$

7. 极大无关组为 $\boldsymbol{\alpha}_1$、$\boldsymbol{\alpha}_2$、$\boldsymbol{\alpha}_4$，且 $\boldsymbol{\alpha}_3=3\boldsymbol{\alpha}_1+\boldsymbol{\alpha}_2$, $\boldsymbol{\alpha}_5=2\boldsymbol{\alpha}_1+\boldsymbol{\alpha}_2$

8. $\boldsymbol{x}=k_1\left(-\frac{4}{5},-\frac{1}{5},1,0\right)^{T}+k_2\left(-\frac{4}{5},-\frac{1}{5},0,1\right)^{T}+\left(\frac{6}{5},\frac{4}{5},0,0\right)^{T}(k_1,k_2\in\mathbf{R})$

9.3.2 同步提高自测题 B

一、填空题.

1. $2(a+b+c)^3$　　2. $\boldsymbol{A}^{T}\boldsymbol{B}=\begin{bmatrix}13 & 19 & 16\\ 6 & 10 & 11\\ 4 & 4 & 1\end{bmatrix}$　　3. $-\frac{1}{2}$

4. $a=-1\quad b=0$　　5. 0

二、选择题.

1. A　　2. C　　3. D　　4. C　　5. B

三、计算题.

1. 160

2. $\begin{bmatrix}4 & -5\\0 & 7\end{bmatrix}$　$\begin{bmatrix}1 & -2 & -9\\1 & 0 & -1\\2 & 6 & 10\end{bmatrix}$

3. $\boldsymbol{X}=\begin{bmatrix}1 & 1 & 3\\4 & -3 & -1\end{bmatrix}$

4. $\boldsymbol{A}^{-1}=\begin{bmatrix}-1 & 0 & -1\\2 & 1 & 2\\2 & 0 & 1\end{bmatrix}$

5. $r(\boldsymbol{A})=3$,极大无关组为 $\boldsymbol{\alpha}_1,\boldsymbol{\alpha}_2,\boldsymbol{\alpha}_3$

6. 当 $a=0$ 且 $b=3$ 时,$r(\boldsymbol{A} \vdots \boldsymbol{B})\neq r(\boldsymbol{A})$,方程组无解

   当 $a\neq0$ 且 $b=3$ 时,$r(\boldsymbol{A} \vdots \boldsymbol{B})=r(\boldsymbol{A})=2<3$,方程组有无穷多个解

   当 $a\neq0$ 且 $b\neq3$ 时,$r(\boldsymbol{A} \vdots \boldsymbol{B})=r(\boldsymbol{A})=3$,方程组有唯一解

7. $\boldsymbol{X}=k\boldsymbol{X}_1+\boldsymbol{X}_0$($k$ 为任意常数),其中 $\boldsymbol{X}_0=(3,-8,0,6)^{\mathrm{T}}$,$\boldsymbol{X}_1=(-1,2,1,0)^{\mathrm{T}}$

8. 略